西方哲理译丛●

Alfred Adler
〔奥〕阿尔弗雷德·阿德勒 —— 著
李心明 —— 译

自卑与超越

金城出版社
GOLD WALL PRESS
北京·2020

图书在版编目（CIP）数据

自卑与超越 /（奥）阿尔弗雷德·阿德勒
(Alfred Adler) 著；李心明译.—北京：金城出版社
有限公司，2020.8
书名原文：What Life Should Mean to You
ISBN 978－7－5155－2010－0

Ⅰ.①自… Ⅱ.①阿… ②李… Ⅲ.①个性心理学－
研究 Ⅳ.①B848

中国版本图书馆 CIP 数据核字（2020）第 059136 号

自卑与超越

著　　者　（奥）阿尔弗雷德·阿德勒
译　　者　李心明
责任编辑　李凯丽
责任校对　李　涛
开　　本　660 毫米×940 毫米　1/16
印　　张　13
字　　数　150 千字
版　　次　2020 年 8 月第 1 版
印　　次　2020 年 8 月第 1 次印刷
印　　刷　三河市双峰印刷装订有限公司
书　　号　ISBN 978－7－5155－2010－0
定　　价　36.00 元

出版发行　**金城出版社有限公司**　北京市朝阳区利泽东二路 3 号
邮编：100102
发 行 部　(010) 84254364
编 辑 部　(010) 84250838
总 编 室　(010) 64228516
网　　址　http://www.jccb.com.cn
电子邮箱　jinchengchuban@163.com
法律顾问　北京市安理律师事务所　（电话）18911105819

译　序

阿尔弗雷德·阿德勒（Alfred Adler，1870～1937）出生于维也纳郊外一个粮食商家庭，家境相当富裕，但由于先天性身体的原因，他却度过了一个很不快乐的童年。他自小患驼背，行动不灵活，在蹦跳活跃的哥哥面前，常常感到不如意。5岁的时候，阿德勒又患上一场几乎致命的病，等到上学后，又因数学差受到老师的歧视，被当作差等生看待。所有这些，足够使阿德勒对自己的前途感到自卑。

尽管有这么多的苦难紧随着阿德勒，但他却以超人的毅力，成了生活中的强者。童年的生活不仅没有使他消沉，反而赋予他源源不断的创作灵感。他凭着顽强的意志和刻苦的努力，改变了别人对他的看法，反而成了优等生。他后来说过，他的生活目标就是要克服儿童时期对死亡的恐惧。

后来，阿德勒进入维也纳大学攻读医学，并于1895年获博士学位。两年后，结了婚，并定居维也纳。在那里，他经常到咖啡馆和朋友聚会，友善谦和，不拘小节。这些经历为他的创作提供了丰富的素材。

中年时期的阿德勒曾熟读弗洛伊德的作品《梦的解析》，并在维也纳一著名刊物上撰文为弗洛伊德的观点辩护。不久，受弗洛伊德之邀，于 1902 年加入弗洛伊德智囊团，旋即成为维也纳心理分析家学会的主席及心理分析学刊的编辑。

1907 年，阿德勒发表了有关由身体缺陷引起的自卑感及其补偿的重要论文，使他享有盛誉。他认为，由身体缺陷或其他原因所引起的自卑，既能摧毁一个人，使人自甘堕落或发生精神病；同时，也能促使人发愤图强，力求振作，从而超越自卑，补偿弱点。如著名哲学家尼采，身体羸弱，却弃剑从笔，写下了不朽的哲学论著。

随着研究的深入，阿德勒提出：不管有无器官上的缺陷，儿童的自卑感总是一种普遍存在的事实，这是因为他们常仰赖成年人生活，且一举一动受到成年人的控制。当儿童利用这种自卑感作为逃避做事情的借口时，他们便会展现出神经病的倾向。如果这种自卑感在以后的生活中继续存在下去，它便会形成“自卑情结”。因此，自卑感不是变老的象征，而是个人在追求优越地位时的一种正常发展过程。

渐渐地，阿德勒的观点无法见容于弗洛伊德的心理分析学派。就在他的心理学研究崭露头角的时候，他遭到弗洛伊德的压制和排斥，但他不惧权威，勇敢地走自己渴望的道路，并于 1918 年著述出版了《理解人类本性》。

1920 年，阿德勒终于和弗洛伊德分道扬镳，另率领他的一群追随者组成“自由心理分析研究学会”，并自称其研究为“个体心理学”(Individual Psychology)。从此，阿德勒摒弃了弗洛伊德的泛性论的心理分析观点，并以社会的概述来解释男性钦羡，强化了自我功能。

第一次世界大战期间，阿德勒曾在奥国军队当军医，以后又在维也纳的教育机构中从事儿童辅导工作，从而扩大了个体心理学的研究领域。

在这之后，阿德勒就声名远播了。然后，便周游各国，到处讲学：1926 年初抵美国；1927 年受聘哥伦比亚大学讲学；1932 年受聘为长岛医学院教授，同年，他出版了《自卑与超越》（What Life Should Mean to You），被译成十几种文字出版，世界上已经有无数读者从阿德勒的这部作品中重新找到了自己生活的意义，成功地跨越了自卑感的局限。1935 年，阿德勒在美国创办了《国际个体心理学学刊》（International Journal of Individual Psychology）；1937 年又受聘到欧洲讲学，由于过度劳累，终因心脏病突发，死于苏格兰阿伯丁的街上。

由于阿德勒对人类个体心理的出色研究和取得的卓著成就，使个体心理学在他身后吸引了越来越多的研究者，它的影响也日益扩大。它通过提高人的社会兴趣，改变了人在生活中的价值观念，从而重新树立了生活目标，填补了人类信仰的此项空白。

今天，仍然会有更多的人从阿德勒的思想体系中体味个体心理学特有的魅力，省察自己的生活风格，寻求适合自我的超越之道。基于这种考虑，故选译阿德勒的代表作——《自卑与超越》，相信会有很多处于矛盾期中的读者将会从中寻找到更令人神往的精神园地。

由于翻译水平有限，译作中难免会有瑕疵之处，还望读者见谅。

译者

目　录

第一章　生活的意义

人类的生活必须要有意义。也就是说，生活与“意义”是如影随形的。

事实证明，我们所体验的，不是单纯的环境，而是环境对人的重要性。我们的经验也是以目的来对所有事物加以衡量的。我们一直是以赋予现实的意义的方法来感受它。我们所感受的不是现实本身，而是经过我们有效解释之后的东西。“木头”指的是与人类有实际关系的木头，“石头”指的是能作为人类生活因素之一的石头。假如有哪一个人想脱离“意义”的范畴，偏偏要使自己生活在单纯的环境之中，那么他一定非常不幸——他将隔绝于他人。他的言行举止对他自己或别人都丝毫不起作用，也没有任何实际意义。当然，意义也是充满着谬误，或者说是常常会出现片面性的。

什么是生活的意义？对于这个问题，人人都能自圆其说，但未必人人都能回答得准确。尤其是处在矛盾中的人，不是因此而使自己困扰，就是用老生常谈式的回答来搪塞。但是，自有人类历史起，这个问题就已经存在了。如今，青年人（老年人也不例外）也常会爆出这样的疑问：“我们是为什么而活？生活的意义是什么？”我们可以断言：他们只有在遭遇失败的时候，才会发出这种疑问。假使每件事情都平平淡淡，在他们面前没有阻碍，那么这个问题就不会被诉诸笔端。如果我们对每个人的话语充耳不闻，而只观察他的行为，我们将会发现：每个人都有他的“生活意义”。他的姿势、态度、动作、表情、礼貌、野心、习惯，乃至性格特征等等，都遵循这个“生活意义”而行。他的作风，他的一举一动，都蕴含着他对这个世界和他自己的看法，好像在说：“我就是这个样子，而宇宙就是那种形态。”这便是他赋予自己的意义以及他赋予生命的意义。

生活的意义因人而异。我们说过，每一种意义都多少含有错误的成分，没有人拥有绝对正确或绝对错误的生命意义。然而，在此我们却可以将意义分出高下：有的美好，有的糟糕；有的错得多，有的错得少。我们还能发现较好的意义具有哪些共同特征，而较差的意义都缺少哪些东西。这样，我们可以得到一种科学的“生命意义”，它是真正的意义的共同尺度，也能使我们应付与人类有关的现实“意义”。在此，我们必须牢牢记住：真实指的是对人类的真实，对人类目标和计划的真实。除此之外，别无真实可言。

生命不外乎三种使命

每个人的生命线都有三个重要的联系，这些联系是每个人必须铭记于心的。他们的现实由这些联系构成，他们面临的问题都是这些联系造成的。由于这些问题总是不停地缠绕着人类，人类就必须不断地回答这些问题，并表现出每个人对生命意义的个人概念。

首先我们居住于地球这个贫瘠星球的表面，并借其所提供的资源而得以成长。因此，我们如何发展我们的身体和心灵以保证人类的未来得以延续？这是一个向每个人索取答案的问题，没有人能逃避它的挑战。无论我们做什么事，我们的行为都是对人类生活情境的解答：它们显现出我们心目中认为哪些事情是必要的、合适的、可能的、有价值的。而所有解答又都被“我们属于人类”以及“人类居住于地球”等事实限制。

当我们虑及人类肉体的脆弱性以及居住环境的不安全性时，为了我们身心的生命和全人类的幸福，我们必须拿出毅力来确定答案，这就像面对一个数学问题而必须努力解答一样。我们不能单凭猜测，也不能希图侥幸，而必须用尽各种方法，坚定地从事此事。我们虽然不能发现绝对完美的永恒答案，但是却能竭尽所能来找出近似的答案，并通过不停的奋斗，以求更为完善的解答。这个解答能针对“我们被束缚于地球这个贫瘠星球的表面上”这个事实，以及环境所带来的种种利害关系。

其次，我们并非人类种族的唯一成员，必然要和他人发生关系。为自己的幸福，为人类的福利，每个人都要和别人发生关联。个人的脆弱性和种种限制，使得他无法单独达到自己的目标。只凭个人的力量来应付自己的问题，他必然无法保持自己的生命，也无法将人类的生命延续下去。因此，对生活问题的每一种答案都必须把这种联系考虑在内，即必须顾及“我们生活于和他人的联系之中，假使我们变得孤独，我们必将灭亡”这件事实。我们的最大目标就是：在我们居住的地球上，和我们的同类合作，以延续我们的生命。

再次，我们还被另一种联系所束缚。人类有两种性别，爱情和婚姻即属于这种关系。个人和团体共同生命的保存都必须顾及这个事实，每一个男人或女人都不能对此问题避而不答。人类面临这问题的所作所为，就是答案。

前面阐述的三种联系，构成了三个问题：如何谋求一种职业，使我们在地球的天然限制之下得以生存；如何在我们的同类之中获取地位，以便我们能互相合作并分享合作的利益；如何接纳我们自己，以适应“人类存在有两种性别”和“人类的延续，有赖于我们的爱情生活”等事实。

个体心理学发现，生活中的每一个问题几乎都可以归纳在职业、社会和性这三个主要问题之下。每个人对这三个问题的反应，都明白地表现出他对生活意义的最深层的感受。举例来说，假如有一个人，他的爱情生活很不完美，他对职业也不尽心竭力，他的朋友很少，他又发现和同伴接触是件痛苦的事，那么，凭他的生活中的这些拘束和限制，我们可以断定：他一定会感到“活下去”是件艰苦而危险的事，他拥有的机会太少，而承受的挫折太多。他的活动范围狭窄，可以用他的判断来加以解释，即“生活的意义是保护我自己以免受到伤害，把自己圈围起来，避免别人接触”。反过来说，假如有一个人，他的爱情生活的各方面都非常甜蜜而融洽，他的工作获得可喜的成就，他的朋友很多，他的交游广阔而且成果丰硕，那么我们能断定：这个人必然感到生活是属于创造性的历程，它提供了许多机会，并克服各种困难。凭他应付生活的多种问题的勇气，即可作出如下断言：生活的意义是对同伴发生兴趣，作为团体的一员，要为人类幸福贡献出自己的力量。

社会感与爱心

综上所述，我们可以分别得出多种错误生活意义和多种正确生活意义的共同尺度。所有失败者（精神病患者、罪犯、酗酒者、问题少年、自杀者、堕落者、娼妓）之所以失败，是因为他们缺乏从属感和社会兴趣。他们决不相信可以用合作的方式来处理职业、友谊和性等问题。他们赋予生活的意义，是一种属于个人的意义；他们以为，没有哪个人能从完成其目标中获得利益，他们的兴趣也只停留在自己身上。他们争取的目标是一种虚假的个人优越。谋杀者在手中握有一瓶毒药时，可能会体会到一种权力之感，但是，对别人而言，拥有一瓶毒药并不能抬高他的身价。事实上，属于私人的意义是完全没有作用的，意义只有在与他人的交往时，才有存在的价值。我们的目标和动作也是一样。每个人都努力地想使自己变得重要，但是如果他不能领会人类的重要性是依照对别人生活所作的贡献而定的话，那么他必会踏上错误之途。

我曾听过一则关于一个小宗教团体的领袖的轶事。

有一天这位领袖召集了她的教友，然后告诉他们：世界末日在下星期三就要来临了。教友们在她的蛊惑下，大为震惊，纷纷变卖了自己的财产，放弃了俗世的杂念，紧张地等待灾难的到来。结果，星期三毫无异象地过去了。星期四，教友们聚在一起向她兴师问罪："瞧瞧我们的处境，是多么的困难！我们放弃了所有的保障，并把消息告诉我们遇到的每一个人。他们讥笑我们的时候，我们还充满信心地说：'我们的消息是从最有绝对权威处听来的。'现在星期三已经过去了，世界怎么仍然完整无恙呢？"可是，这位"预言家"说："我的星期三并不是你们的星期三呀！"她就这样用属于她私人的意义来逃避别人的攻击。属于私人的意义，实在是经不起考验的。

所有真正生活意义的标志是：它们是别人能够分享的且被别人认

定为有效的东西。能够具备用方法解决生活问题的人，必然也能为别人解决类似的问题。即便是天才，也只能是因为他的生活被别人认定为对他很需要时，才被称为天才。因此这种生活的意义必然表现在：生活意义——对团体贡献力量。在此，我们谈的不是职业动机。我们不管职业，而只注重成就，能够成功地应付人类生活的人。他所做的每件事情似乎都被其同类的喜好所指引，当他遇到困难时，他会用不与别人利益发生冲突的方法来加以克服。

也许有很多人会说，赋予生活的意义难道真应该是奉献，对别人发生兴趣和互助合作。他们或许会问："对于自己，我们又该做些什么呢？如果一个人老是考虑别人，老是为别人的利益而奉献自己，他岂不是要感到痛苦？如果一个人想要发展自己，至少他也应该为自己设想。难道没有人应该学习怎样保护我们自身的利益，或加强我们本身的人格么？"这种观点，我相信是大谬的。假如一个人在他赋予生活的意义里，希望对别人能有所贡献，而且他的情绪也都指向了这个目标，他们自然把自己塑造成最有贡献的理想状态。他会为他的目标而调整自己，他会以他的社会感来训练自己，他也会从练习中获得适应生活的种种技巧。认清目标后，他会通过学习并充实自己来解决上述三种生活问题，并扩展自己的能力。且让我们以爱情与婚姻为例。如果我们深爱着我们的伴侣，并致力于充裕我们爱侣的生活，那么自然会竭尽所能地展示自己的才华。假如我们没有奉献的目标，而只想凭空发展自我人格，即只能是装腔作势，徒然使自己更不愉快罢了。

另外，还有一点足以证实：奉献乃生活的真正意义。正视现实，我们便发现祖先留下的东西——他们对人类生活的贡献——公路、建筑物、开发过的土地以及在处理人类问题技术方面的种种生活经验。

而那些不合作分子，那些赋予生活另一种意义的人又怎么样呢？他仍只会问：“我该怎样逃避生活？”他们身后一点痕迹也没有留下，整个生命疲惫不堪。我们的地球似乎曾说过：“我们不需要你，你根本不配活下去。你的目标，你的奋斗，你所探讨的价值观念都没有未来可言。滚开吧，一无可取的人！快快消逝吧！”对于不是以合作为生活意义的人，我们所下的断语是：“你是没有用的。没有人需要你，走开。”在现代文化中，仍存在许多不完善之处。一旦我们发现其弊端，就该改变它。

许多人都知道生活的意义是对世界发生兴趣，并努力地培养爱情和社会兴趣。在各种宗教中，我们便能看到这种救世济人的思想。世界上所有伟大的运动，都是人们想要增加社会利益的结果，宗教便是朝此方向努力的最大力量之一。然而，宗教的本来面目却经常被曲解，在其现有的表现上，我们很难再看出它们能做更多的事，除非它更直接地致力于这项工作。

个体心理学采用科学的方法和技术，使人们对其同类的兴趣大为增加，所以它或许比政治或宗教等其他运动更能接近“为人类谋取福利”这一目标。

因为这种赋予生活的意义，其性质如同我们事业的守护神或催命鬼，所以我们如何形成这些意义，了解彼此间的不同点以及如何纠正错误，这些显得非常重要。这是属于心理学的研究范畴，心理学有别于生理学或生物学的地方，就是它能利用对“意义”以及它们对人类行为和人类未来的影响等事情的了解，来增进人类的幸福。

成长期儿童认知世界的方式

从婴儿呱呱坠地之日起，我们就在探索这种生活的意义。即使是婴儿，也会设法估计一下自己的力量在生活中所占的分量。在生命开始的第五年末了之际，儿童已形成一套独特而固定的行为模式，这就是他对付问题和工作的模式。这时，他已经树立“对世界和对自己应该期待些什么”的最深层和最持久的概念。以后，他就凭借一张固定的统觉表来观察世界。经验在被接受之前，即被赋予生活的意义。即使这种意义错得一塌糊涂，即使这种处理问题和事物的方式会不断带来不幸和痛苦，它们也不会轻易地被放弃。

举个例子来说明：童年时的情况可以用许多不同的方式来解释，童年时期的不愉快经历很可能被赋予完全相反的意义。有过不愉快经历的人有三种。第一种人认为：我们必须努力改变这种不良环境，以保证我们的孩子能被培养得更好。第二种人觉得：生活是不公平的，别人总是占尽了便宜，既然世界这样对待我，我为什么要善待世界？第三种人则可能觉得：由于我不幸的童年，我做的每件事都是情有可原的。这三种人的解释都会表现在他们的行为里。在此个体心理学扬弃了决定论。经历并不是成功或失败之因。我们不会被经历的打击所困扰，我们只是在其中取得决定我们目标的东西。我们被赋予经历的意义决定了自己。当我们以某种特殊经历的经验作为自己未来生活的基础时，很可能就犯了某种错误。我们不是被环境所决定的，我们以赋予环境的意义决定了我们自己。

然而，在儿童时期，有某些情况却容易孕育出严重错误的意义。

大部分的失败者都是在这种情况下成长的儿童。

首先，我们要考虑的是曾经因为在婴儿时期患病，或先天因素而导致身体器官缺陷的儿童。这种儿童心灵的负担很重，很难体会到生活的意义在于奉献这个道理。他们大都只会关心自己，除非有和他们很亲近的人们把他们的注意力从他们自身引导到他人身上。在现实中，他们还可能因为拿自己和周围的人比较而感到气馁，甚至还会因为同伴的怜悯、揶揄或避免而加深了自卑感，从而失去了在社会中扮演有用角色的机会。

我想，我是第一个研究器官有缺陷或内分泌异常儿童所面临的困扰的人。这门科学虽然已经相当进步，可是它发展的方向却不如我所愿，我一直想找出可以克服此种困难的方法，而不是想寻找能够把失败的责任归之于遗传或环境的证据。器官的缺陷并不能强迫人们采用错误的生活模式。我们无法找出内分泌腺对他们有同样效果的两个儿童。我们经常看到这些儿童在克服困难时发挥出非常出色的才能。在这方面，个体心理学并不鼓吹优生优育的选择。有许多对我们文化有重大贡献的杰出人才都有器官上的缺陷，健康状况也很不良。但是，这些奋力克服身体或外在环境困难的人，却做出了许多创新的贡献。奋斗使他们坚强，也使他们奋勇向前。因而，光看肉体，我们无法判断心灵的发展将会变好或变坏。可是器官和内分泌有缺陷的儿童，绝大多数都未被导入正途，他们的困难也未曾被解决，结果使他们多数人只对自己有兴趣。因此，我们在早年生活曾因器官缺陷而感受到压力的儿童之中，便发现了许多失败者。

其次，另一种经常造成错误的生活意义的因素是娇宠儿童。被娇宠的儿童多会期待别人把他的愿望当法律看待，他不必努力便能够成为天之骄子，且常认为与众不同是他的天赋权利。结果，当他进入一个不是以他为中心的情境，而别人也不以体贴其感觉为主要目的时，他即会若有所失而觉得世界亏待了他。他一直被训练为只取不舍的人，而从未学会用别的方式来对待任何问题。当他面临困难时，他只有一种应付的方法——乞求别人的帮助。他似乎觉得，假使他能再获得突出的地位，假使他能强迫别人承认他是特殊人物，那么他就完全可以不可一世了。

被宠坏的孩子长大以后，很可能成为我们社会中最危险的群众。他们会装出“媚世”的姿态，以博取擅权的机会，而暗中却打击平常在日常工作事务上表现突出的人，其中有些人会作出更公开的反叛；当他们不再看到他们所习惯的谄媚和顺从时，他们即会觉得自己被出卖了；他们认为社会对他们充满敌意，而想要对他们所有同类施以报复，假如社会真的对他们的生活方式表示敌意，他们就会拿出上述敌意作为他们被亏待的新证据。他们除了加强“别人都反对我”的信念外，便一无所用。被宠坏的孩子无论是暗中破坏，还是公开反叛，无论是以精心策划驾驭别人，还是以暴力施行报复，他们在本质上都是一样的。事实上，我们发现：许多从小受娇宠的人虽然使用以上两种不同方法，但目标却始终如一。在他们看来，生活的意义无非是独占鳌头，并借此获取心中想要的每件东西。

最后，还有一种容易造成错误生活意义的是被忽视的儿童。这类被忽视的儿童从小就不知爱与合作为何物，在他们的心灵里建构了一种怪异的生活模式。我们不难发现，当面临生活问题时，他们总会高估其中的困难，而低估自己应付问题的能力及旁人的帮助和善意。他们曾经发现社会对他们很冷漠，从此错以为社会永远是冷漠的；他们更不知道他们能用对别人有利的行为来赢取感情和尊敬。因而，他们既怀疑别人，也不能相信自己。事实上，感情的地位是任何经验都无法取代的。母亲的第一件工作，就是让她的孩子感受到她是值得信赖的人，然后她必须把这种信任感扩大，直到涵盖儿童生活环境中全部的东西。如果母亲的第一件工作，即获取儿童的感情、兴趣和合作，失败了，那么这个儿童便不容易激发出对社会的兴趣，也很难对其同伴友好。每个人都有对别人产生兴趣的能力，但是这种能力，必须受到启发和锻炼，否则这种能力必然受到挫折。

我们发现：一个完全被忽视、被憎恨或受排斥的儿童往往很孤单，不善于和别人交往，无视合作的存在，也全然不顾能引导他和别人共同生活的任何帮助。

如前所述，在这种环境下的个体必然会死亡。实际上，儿童只要度过了婴儿期，便可以证明，他已经受到了某些照顾和关怀。在此，我们不讨论完全被忽视的儿童，我们只管那些受到正常照顾较为少的儿童，或只要某方面遭到忽视，其他方面却也一如常人的儿童。总之，被忽视的儿童必然未曾发现值得他十分信赖的人。我们的文明带有一种悲哀的讽刺，那就是有许多生活中的失败者，其出身大多是孤儿或私生子。通常我们都把这类儿童归纳在被忽视的儿童之列。

这三种情境（器官缺陷，被娇宠，被忽视）最容易使人将错误的意义赋予生活。从这些情境中出来的儿童几乎都需要帮助以修正他们对待生活的方法。如果我们关心过这些事情，也就是说，我们对他们有真正的兴趣，并且在这方面下过工夫，我们将能在他们做的每件事情中，看出他们的意义。

梦和联想已被证实有很多用处。做梦时和清醒时的人格都是相同的，但是梦中社会要求的压力较轻，人格能不受防卫和隐瞒而表现出来。当然，需了解个人赋予自己和生活的意义，最大的帮助是来自记忆。每种记忆都代表了某些值得回忆的事，尽管这些记忆的东西只是零星半点。而这被记起的事即体现了它在生活中的分量，它告诉你："这就是你应该期待的东西"、"这就是你应该躲避的东西"或"这就是生活"！我们必须再强调：经验本身并不比留于记忆的生活意义来得重要。

对于表明个人对待生活的特殊方式以及在指出最先构成其生活态度的环境等方面，儿童早期的回忆是特别有用的：其一，个人对自身和环境的基本估计均含在其中，它是个人将他的外貌、他对自己最初的概念以及别人对他的要求等第一次统一起来的结果；其二，它是个人主观的起点，也是他作为自己所记录的开始。

记忆的重要性在于可对现实和未来生活的影响。

在此，我们可以举出最初记忆的例子，并看看它们所造成的"生活意义"。

"桌子上咖啡壶打破了，把我烫伤了。"这就是生活。当我们发现以这种方式开始其自述的女孩子总是无法摆脱孤独无助之感而高估生活中的危险和困难时，我们不必惊异。假如她在心中责备别人没有好好照顾她，我们也不用惊奇，因为必定有某些人非常粗心大意。某学生在最初记忆中亦呈现出类似的情况："我记得我三岁的时候，曾经从婴孩车上摔下来。"随着这种最初记忆，他反复做着这样的梦："世界末日已到。我在午夜醒来，发现天空被火照得通红，星辰都纷纷往下坠，我们也将和另一个星球相撞，可是，在撞毁之前，我醒过来了。"当这个学生被问及他是否惧怕何物时，他说："我怕我不能在生活中获得成功。”他的最初记忆和反复的噩梦构成了足以使他气馁的原因，因而使他害怕失败和灾难。

一个由于经常尿床且不停地与母亲发生冲突而被带到医院来的12岁男孩，述说他的最初记忆：“母亲以为我丢失了。她非常害怕地跑到街上大声叫我，其实我一直藏在屋子里的一个橱柜中。”在此记忆里，我们不难看出：生活的意义是用“找麻烦”来博取注意。获取安全感的方法就是欺骗。“我虽然被忽视了，但是我却能愚弄别人。”他的尿床也是他用来使自己成为担心和注意中心的一种方法。他母亲对他表现的焦急和紧张，正加强了对他生活的一种印象，即认为外在世界的生活是充满危险的，只有在别人为他的行为担心时才觉得安全。

有个35岁的妇女，她的最初记忆是这样的：“3岁那一年，有一次，我独自去进地窖。当我在黑暗中走下楼梯时，比我稍大的堂兄也打开门，跟着我走下来。我被他吓了一跳。”从这个记忆看，她可能很不习惯于和其他孩子一起游玩，尤其是不喜欢和异性在一起。我们对“她是独生子”的猜测，结果被证实是正确的。35岁的她，居然还没结婚。

“我记得妈妈让我带着小妹一起玩娃娃。”这个记忆显示她对母亲的依赖以及她只有和比自己弱小的人在一起才觉得自在等征象。当新婴孩降生时，要得到年纪较大的孩子的合作，最好是让大孩子帮忙照顾，产生兴趣，并分担保护的责任。如果这成为一种自愿的行为，他们便不会认为新生儿让父母忽略了自己了。

和别人在一起的欲望，未必是对别人感到有兴趣的征兆。有一个女孩子，在被问其最初记忆时说道：“我和妹妹及两个女孩一起游玩。”在此，我们当然可以看出她正慢慢地学习和别人交际，可是，当她提起最大的畏惧感时却说："我怕别人都不理我。"这时，我们却能觉察到她的抗争。从这里，我们不难看出她缺乏独立性。

一旦我们发现并了解了生活的意义，我们即已拥有了把握整个人格的钥匙。有人说，人类的特征是无法改变的。事实上，这是因为他们尚未把握住解开此种困境的钥匙。

独立性与合作性的磨砺

我们说过，假使无法找出最初的错误，那么讨论或治疗也都没有效果，而改进的唯一方法，在于训练他们更进一步地合作及更有勇气地面对生活。合作也是我们拥有的防止精神病倾向发展的一种重要保障。因此，儿童应该被鼓励及被训练以合作精神，在日常工作及正常游戏中，他们也应该被允许在同龄儿童之间，找出自己的行为方式。任何妨碍合作的现象都会导致严重的后果。只学会对自己有兴趣的被宠坏的孩子，很可能把对别人缺乏兴趣的态度带到学校。他对功课有兴趣，只是因为他认为这样做能换来老师的宠爱；当他接近成年时，缺乏社会感觉对他的不利会变得愈来愈明显。当他的毛病再次发生时，他已经不再为责任感和独立性而训练自己，而他本身的特性也已经不足以应付任何生活的考验了。

我们不能因为他的短处而责备他。当他尝到苦果时，我们只能帮助他设法加以补救。不能期待一个没有上过地理课的孩子在这门课的考卷上会答出好成绩，也不能期待一个未被以合作之道训练的孩子，在面临一个需要合作训练的工作之时，会有良好的表现。但是，任何生活问题的解决都需要合作的精神和能力，而每种工作也都必须在人类社会的架构下，以能够增进人类福利的方式来执行。只有了解生活的意义在于奉献的人，才能够以勇气及较大的成功机会来应付所面临的所有困难。

如果老师们、父母们及心理学家们都能了解赋予生活以某种意义时可能犯的错误，我们就能相信：缺乏社会兴趣的儿童对他们自己的能力，对生活的意义，就会有较乐观的看法。当他们遇到问题时，他们就不会停止努力、寻找捷径、设法逃避、把肩上重担推给别人、口出怨言以博取关怀或同情，或觉得非常丢脸而自暴自弃，或问："这种生活有什么用处？它使我们得到什么东西？"他们将会说："我们必须开拓我们新的生活。这就是我们的责任，我们也能够对付它。我们是自己行为的主宰。"假使每个人都能独立自主，都能以这种合作的方式来应付其生活，那么人类社会的进步必然是无止境的。

第二章　心灵与肉体

是心灵支配肉体，还是肉体支配心灵？唯物论哲学家与唯心论哲学家对这个问题进行了旷日持久的争论，尽管双方都提出数以千计的论据，仍然未能弄个水落石出，且于事无补。

亟待治疗的病人也是具有肉体及心灵的，如果我们治疗的理论基础错误，我们便无法帮助他。我们的理论必须经得起实践的考验。

个体心理学不再把这个问题看成是水火不相容的。我们研究的是肉体和心灵的动态关系。我们认为肉体和心灵二者都是生活的表现，都是整体生活的一部分，并且也开始以整体的概念来了解其相互关系。动物与植物有着本质的不同。动物能预见未来，植物不能预见未来。植物是生了根的，它只能停留在固定的地方，即使植物能想："有人来了，他马上就要踩到我，我将死在他脚下了。"可是这有什么用呢？它仍然在劫难逃。然而，所有的动物，都能预见并计划他们所要动的方向，因此只发展肉体对人而言显然是不够的。人都具有心灵

"你当然有心灵，

否则你就不会有动作。"①

预见运动的方向是心灵最重要的功用。认清了这一点，我们就能

---

① 《哈姆莱特》第三场，第四景。

了解：心灵如何支配着肉体且确定动作的目标，如果没有努力的目标，即使做此动作，也是没什么用的。因为心灵的功能决定动作的方向，所以它在生活中占着主宰的地位。同时肉体也影响着心灵，作出动作的是肉体。心灵只能在肉体所拥有的及它可能被训练发展出来的能力之内指使肉体。比方说，假使心灵想要使肉体奔向月亮，那除非它先发明一种可以克服身体限制的技术，否则它便注定要失败。

人类比其他动物更善于活动。他们不仅活动的方式较多（这一点，可从他们手的复杂动作中看出），而且，他们也较能利用活动来改变环境。因此，我们可以预料：人类心灵中，预见未来的能力必将会高速发展，而且，人类也必会有目的地奋斗，以改进他们在整个情境中所处的地位。

在每个人身上，我们还能发现：在朝向目标的各种动作之中，还有一个可包含一切的单一动作。我们所有的努力都是为要达到一种能使我们获得安全感的地位，所有的动作和表现都必须互相协调而结合成一个整体。肉体和心灵也努力要成为整体，例如，当皮肤擦破时，整个身体都忙着要使它自己再复原为一个整体。然而，肉体并不只是单独地挖掘其潜能，在其发展过程中，心灵也会给予帮助。运动训练及一般卫生学的价值都已经被证实，这些都是肉体努力争取其最后目标时，心灵所提供的帮助。

人类从生命第一天开始，肉体和心灵就像是不可分割的两部分，而彼此互相合作。心灵犹如一辆汽车，它利用它在肉体中能够发现的所有潜能，把肉体带入一种安全而优越的地位。在肉体的每种活动中，在每种表情和病症中，我们都能看到心灵目标的铭记。人活动，即有意义存在，他动自己的眼、自己的舌及脸部的肌肉，使他的脸有一种表情、一种意义，而在此给予意义的，则为心灵。总之，心理学的领域是：探讨个人各种表情中的意义，找寻了解其目标的方法，并以之和别人的目标互相比较。

在争取安全的最后目标时，心灵必须使其目标变得具体化，他要时时计算："安全位于某一特定点，我一定要走某一特定方向，才能接近它。"此时当然有发生错误的可能性，但是没有十分固定的目标和方向，则根本不可能有动作。当我抬头时，我心中必然已有此种动作的目标存在。心灵所选择的方向，事实上可能是有害的，但它之所以被选上，则是因为心灵误以为它是最有利者。所有心理上的错误，都是选择动作方向时的错误。安全的目标是全体人类所共有的，但是他们有些人认错了安全所在的方向，而其固执的动作，则将他们带向堕落之途。

如果我们要了解一种表现或病症背后的意义，那么最好的方法就是将它分析成简单的动作。让我们以偷窃的表现为例。偷窃就是把别人的所有物通过罪恶手段据为己有。它的目标是使自己富有，让自己觉得安全。因此，这种动作的出发点是感到自己贫穷或匮乏。其次要找出这个人是处于何种环境中，以及他在什么情况下才觉得匮乏。然后我们要看他是否采取正当方式来改变环境，并消除其匮乏感。他的动作是否都遵循着正确的方向，或他是否曾经错用了方法，最后我们即能指出他在实现其目标时，是否选择了错误的途径。

情绪的格调

人类对其环境所作的改变，我们称之为文化。我们的文化就是人类心灵激发其肉体所作的各种动作的结果。我们的活动受心灵启发，我们身体的发展则受着心灵的指导和帮助。总而言之，人类的表现到处都有心灵的作用。然而，这并不意味着要过度强调心灵的作用。如果要克服困难，合宜的身体是绝对必需的。由此可见，心灵参加控制环境的工作，以便保护肉体，使肉体免遭灾害、疾病、意外等。幻想和识别是预见未来的方法，个人的感情赋予他生活的意义以及他奋斗的目标，它们控制肉体的程度虽然相当大，却不受制于肉体。显而易见，支配个人的，并不单单是生活方式而已。

个体心理学认为：感情与生活方式不是互相对立的，个体目标一旦确立，感情则会随之相适应。此时，我们已超出生理学或生物学的领域来谈感情；此时，我们谈感情的发生不能用化学理论来解释，也不能用化学试验来加以预测。我们更有兴趣的是心理的目标。我们要研究的是焦虑的目的和结果，而不关心焦虑对交感神经或副交感神经的影响。

因此，焦虑不能被当作是性的压抑所引起的，也不能被认为是出生时难产所留下的结果。我们知道，习惯于得到母亲保护的孩子，很可能出现焦虑（不管其来源为何），这将是控制他母亲的有效武器。经验告诉我们：愤怒是控制一个人或一种情境的工具之一。每一种身体或心灵的表现都是以天生的材料为基础，但是，我们的注意却在于如何应用这些材料，以获取既定的目标。这就是心理学研究的唯一真正对象。

在每个人身上，感情是随着获取目标的结果而变化的。他的焦虑、勇气、愉悦或悲哀，都必须和他的生活方式协同一致。用悲哀来达成其优越感目标的人，并不会因为其目标的达成而感到快活或满足。他只有在不幸的时候才会快乐。只要稍加注意，我们还可发觉，感情是可以随需要而变化的。一个对群众患有恐惧症的人，让他留在家里，或让他指使另一个人时，他的焦虑感即会消失。所有精神病患者都会避开生活中不能使他们感到自己是征服者的情形。

情绪的格调像生活模式一样的固定。比方说，懦夫永远是懦夫，尽管他在和比他柔弱的人相处时，可能显得傲慢自大，而在别人的护翼下时，表现得勇猛万分。他可能在门上加三个锁，用防盗器和警犬来保护自己，却坚称自己勇敢异常。没有人能证实他的焦虑之感，可是他的懦弱性格却暴露无遗。

性和爱情的领域也能提供类似的证据。当一个人想接近他的性目标时，必然会出现性的感情。为了要集中心意，他必须放开有妨碍性的工作和兴趣，如此，他才能唤起适当的感情和功能。缺少这些感情和功能——例如阳痿、早泄、性欲倒错和冷感症，都是拒绝放弃不合宜的工作和兴趣所造成的。不正确的优越感目标和错误的生活方式都是导致此种异常现象的因素。在这类病例中，我们常发现有：只期望别人体贴他、自己却不体贴别人，缺乏社会兴趣，在勇敢进取的活动中失败等现象。

我的一个病人，在家中排行第二，因为无法摆脱犯罪感而觉得痛苦万分。他的父亲和哥哥都非常重视诚实。在他七岁时，有一次他告诉老师说他的作业是自己做的。事实上，作业是他的哥哥代做的。三年后，他向老师供认了那个谎言，而老师只是一笑置之，尔后，他哭着向他父亲认错，父亲深以他的可爱与诚实为荣，不但夸奖他，还安慰他。但是这孩子仍然非常沮丧而猛烈地责备自己。从这个事例，我们即可做出结论：家庭的道德风气使他在诚实方面远远超过别人，为此，他便不得不用上述方式来获取优越感。

在以后的生活中，他因其他各种自责而感到痛苦。他犯了手淫，而且在功课中也没有完全戒掉欺骗行为。当他面临考试时，他的犯罪感总会逐渐增强，他的负担远较他的哥哥重。因此，当他想和哥哥并驾齐驱而又无法做到时，他强迫性的犯罪感就变得尖刻异常，整天都要祈求上帝原谅。

后来，他的情况坏得使他被送到精神病收容所。在此，他被认为是无可救药了。可是，过了一段时间后，他的病况却大有起色，他离开了收容所。在离开前，院方却要他答应：万一旧病复发，必须再回来入院。以后，他即改行攻读艺术史。有一次，在考期将届前的一个星期日，他跑到教堂去，五体投地拜倒在众人面前，大声哭喊道："我是人类中最大的罪人！"就这样，他又再次成功地以诚实的良心引起了别人的注意。

在收容所又度过一段时间后，他回到了家里。有一天，他竟然赤裸裸地走进餐厅去吃中饭！因为他是个身体健美的人，这一点足以比得过他的哥哥和其他人。

他的犯罪感是使他显得比其他人更诚实的方法，而他也朝此方向挣扎着要获取优越感。然而，他因此而走上了生活中的旁门左道。他对考试和职业工作的逃避，给了他一种懦弱的标志和高涨的无所适从之感。他的各种病症都是有意地避开每一种能使他觉得被击败的活动。显然，他在教堂中的认罪和他赤裸着进入餐厅，也同样都是用拙劣的方法来争取优越感。他生活的模式要求他做出这些行为，而他引发的感情也是完全合宜的。

我们说过，在生命最初的四五年之间，个人正忙着构造他心灵的整体性，并在他的心灵和肉体间建立起关系。他利用了由遗传得来的材料和从环境中获得的印象，并将它们修正，以配合他对优越感的追求。在第五年末了，他的人格已经成形——他赋予生活的意义、他追求的目标、他趋近目标的方式、他的情绪倾向等等，也都已经固定。以后它们虽然也可能改变，但在改变它们之前，他必须先从人格固定成形时所犯的错误中解脱出来。正如他以前所有的表现都和他对生的解释互相配合一样，现在他的新表现也会和他的新解释天衣无缝。

个人是以他的感官来接触环境，并从其中获得印象的。个人的举动十分重要。它能显示个人准备从环境中获得哪一种印象以及他将如何运用他的经验。因此，如果我们留心观察个人的举动就能对他有充分的了解。举动是永远受到人生意义的制约的。

现在我们可以在个体心理学定义上再添加一点个人对身体印象的态度。我们还可以开始讨论：人类心灵之间的巨大差异是如何造成的。肉体与环境不能协调一致，心灵就会产生一种负担。因此，身体器官有缺陷的儿童在心灵的发展上比其他人蒙受了更多的阻碍，他们需要用更多的心力与精力，才能获得相同的目标。受着器官缺陷和行动困难的困扰，他们便没有多余的注意力可供留心外界之用。他根本找不到对别人发生兴趣的闲情逸致，结果他的社会感觉和合作能力的发展便较其他人差。

器官的缺陷造成了许多阻碍，但是这些阻碍绝不是无法摆脱的。如果心灵主动设法克服这些困难，那么这个也会获得成功。事实上，器官有缺陷的人通常比身体正常的人有更大的成就。例如，视力不良的儿童可能因为他的缺陷而感到异常的压力。他要花费较多的精神，才能看清东西。他对视觉的世界——如色彩和形状必须给予较多的注意力。结果，他对视觉的世界的经验即比常人更多。多数画家和诗人都曾有过视力的缺陷。这些缺陷被训练有素的心灵驾驭之后，这些人比正常人更能运用他们的眼睛来达成多种目的。在天生惯用左手而又未被当作是左撇子看待的儿童之中，也很容易看到同样的补偿。在家庭里，或在其学校生活开始之际，他们会被训练运用他们不灵巧的右手——事实上，它们不是十分适合于书写、绘画或作手工艺的。但是，假使心灵能被妥善运用以克服此种困难，我们相信：不灵巧的右手必定会训练出高度的技巧。事实也是如此。在许多例子中，惯用左手的儿童往往学会较漂亮的书法，也较有绘画的才能，在工艺方面也较有技巧。找寻出正确的技术后，再加上兴趣、训练和练习，他们即能够将劣势转变成优势。

只有决心要对团体有所贡献而兴趣又不集中于自己身上的人，才能成功地学会补偿其缺憾之道。只想避开困难的人必然落于他人之后。如果他们努力地争取某种身外之物，他们自然会训练自己，使自己具有获得它们的能力。困难只是通向成功之路必须克服的关卡。反过来说，假使他们把兴趣集中在担心不如别人上，那么他们就不会真正的有所进步。一只笨拙的右手是无法用凭空妄想来使其灵巧的。它们只是在练习出实际的成就之后，才会变得较为灵巧，而达到此种成就的原因，也必须比长期存在的笨拙所造成的气馁更深刻地被人感觉到。如果一个孩子想要集中全力来克服他的困难，则在他身外必须有一个他要全力以赴的目标，这个目标是以他对现实的兴趣，对别人的兴趣，以及对合作的兴趣为基础的。

我对患有肾管缺陷家族的研究，可以作为遗传性缺陷被转变运用的好例子。这种家庭中的孩子经常患有夜尿症。器官的缺陷是很明显的，可以从肾脏、膀胱或脊椎分裂中看出来。而腰椎附近皮肤上的青痕或胎记，也能使人看出这一部位可能有此类缺陷。但是器官的缺陷却不足以造成夜尿症。这种孩子并不是在他的器官压迫之下才患上夜尿症。例如，有些孩子在晚上会尿床，可是在白天却不会解手。有时，当环境或父母态度改变时，这种习惯也会突然消失。假如儿童不再利用器官上的缺陷作为达成某一目的的手段，那么除了智力低能的儿童之外，夜尿症都是可以克服的。

但是患有夜尿症的儿童所受到的待遇，大都不会使他想克服它，反倒会想继续保留它。经验丰富的母亲能给他正确的训练，假使母亲经验不足，这种令人讨厌的毛病却会继续蔓延下去。在患有肾脏病或膀胱疾患的家庭中，和排尿有关的每件事情大多会被过分强调，因此，母亲很可能错误地用尽各种方法想消除他的夜尿症。如果孩子注意到这一点是多么受人重视，他就可能再坚持下去。它供给他一个非常好的机会来表明他对这种教育的反对。假如孩子想反抗父母给他的待遇，他必然会找出他自己的方法来攻击他们最大的弱点。德国有一个著名的社会学家发现：在罪犯中，有相当惊人的比例是出自以压抑犯罪为职业者，如法官、警察、狱吏等的家庭中。我也常发现这些都是真的。我还发现：在医生的子女中精神病患者的数目和教师子女中不良少年的数目都相当惊人。同样，当父母过分重视儿童的排尿时，儿童就有一条很明显的途径可供他们表明自己的意志。

夜尿症还说明：我们如何利用梦以引起适当的情绪来配合我们想做的行为。尿床的孩子常常梦见他们已经起床并且走到了厕所。他们用这种方式原谅自己后，便理所当然地尿在床上。夜尿症所要达成的目的通常是：吸引别人的注意，使别人听从他，要别人在晚上也像白天一样地注意他。有时，这种习惯是一种敌意的表示，它是反抗别人的方法之一。不管是从哪一个角度，我们都可看出：夜尿症实在是一种创造性的表现，这种孩子不以他们的嘴巴而以他们的膀胱说话。器官的缺陷给了他一种表明自己态度的方法。

用这种方法表现自己的孩子都处于一种紧张状态之下。通常，他们多是属于被宠惯后又丧失唯我独尊地位的一群。也许是由于另一个孩子的出生，他们难以再得到母亲的全部关怀。此时，夜尿症即代表了一种想向母亲更紧密接近的动作，尽管它是一种令人不快的方法，它却能有效地告诉母亲："我还没长得像你想象的那么大，我还要被照顾呢！"在不同环境下，或在不同器官缺陷下，他们便会采用其他的方法。他们也许会利用声音来建立和别人的联系，在这种情况下，他们一到晚上，便会哭闹不安。有些孩子还会梦游、做噩梦、跌下床，或口渴吵着要喝水。然而，这些表现的心理背景都是类似的。病症的选择，一部分决定于身体的情况，一部分则视环境的态度而定。

这些例子都很清楚地显示出心灵对肉体的影响。事实上，心灵不仅能影响某种特殊病症的选择，它还能支配整个身体的结构。如果一个孩子是胆小的，他的胆小便会表现在他的整个发展过程中，他不关心体格上的成就，甚至不敢想象自己可能达到此种成就。结果，他便不会用有效的方法来锻炼他的肌肉，而且也拒绝接受通常会引人发展肌肉的所有外来刺激。别的孩子对锻炼肌肉有兴趣，且在体格健美方面遥遥领先，他却由于兴趣的缺乏而远远落后。

由此可见，身体形状的变化和发展不仅受心灵的影响，而且可反映出心灵的错误和缺点。肉体的许多表现只是心灵无法找出补偿其困难的正确方法所造成的结果而已。例如，我们已经确知，在生命开始的最初四五年之间，内分泌腺本身也会受到心灵的影响。有缺陷的腺体对行为并不会有强迫性的影响，反之，外在环境、儿童所喜好的和儿童在他感兴趣情境中的创造性活动等等，却能不断地影响腺体。

另外一个证据可能较容易被了解并被接受，因为我们对它较为熟悉，而且它引起的是身体短暂的表现，不是固定的气质。每一种情绪都会以某种程度表现在身体上，而每个人也都会将他的情绪表现在某种可见的形式中，诸如人的姿势或态度，脸部的表情，腿或膝盖的颤抖等等。例如，当他脸色变红或转白时，他的血液循环必然受到影响。人在愤怒、焦急或忧愁的状态之下，肉体都会说话。而肉体在说话时，都是使用着自己的语言。当一个人处于他所害怕的情境中时，他可能全身发抖，可能毛发齐竖，可能心跳加快，还有些人会冷汗直流、呼吸困难、声音变哑、全身摇晃而畏缩不前。有时身体的健康状态也会受到影响，例如丧失胃口或引起呕吐。对这些人，这种情绪主要会干扰到膀胱或者性器官的功能。有些儿童在接受考试时，会觉得性器官受到刺激；有些人犯了罪之后，常常会跑到妓院或去找他们的女友，这都是众所皆知的事。在科学的领域中，我们看到许多心理学家宣称：性和焦虑有密不可分的关联，而另外的心理学家却主张：它们一点关系也没有。他们的观点是依他们个人的经验而定的，对某些人，它们之间有关联，对其他人则不然。

这几种不同的反应都属于不同类型的个人。它们很可能被发现多多少少是由遗传得来的，而这些种类的身体表现也经常能给我们许多暗示，让我们看出其家族的弱点和特质，因为同一家族的其他分子也可能作出非常类似的身体反应。然而，此处最有趣的事是：观察心灵如何利用情绪来激起某种身体状态。情绪和他在身体上的表现可以告诉我们心灵在一个被它解释为有利或有害的情境之中，如何作出动作和反应。

例如，当脾气发作时，有的人也是希望尽快地克服其困难，而他找到的最好方法似乎就是打击、辱骂或诋毁另一个人。另一方面，愤怒也能影响身体器官，有些人在生气时，同时会发生胃部的毛病或脸孔涨得通红。他们血液循环改变的程度甚至会使他们发生头痛。在偏头痛或习惯性头痛的后面，我们常会发现有异乎寻常的愤怒或羞辱。对某些人，愤怒还能造成三叉神经痛或癫痫性的痉挛。

我们还不能清楚探讨心灵影响肉体的方法，因而无法对它作完全描述。心情的紧张对自主神经系统和非自主神经系统二者都能发生影响。只要一紧张，自主神经系统一定有所动作，如拍桌子、咬嘴唇、撕纸头、咬铅笔或吸香烟等等。这些动作都告诉我们：他对自己所面临的情境，已经觉得受不了了。他在陌生人面前变得脸红耳赤、无地自容、肌肉颤抖，也一样都是紧张的结果。可是，这种紧张的表现并不是在每一点都一样的清楚，我们所讨论的病症，只在于其结果能够被发现之上。如果我们更仔细地探究，我们将会发现：身体的每一部分都包含于情绪的表现之中，而这些身体的表现又都是心灵和肉体活动的必然结果。我们必须检视心灵对肉体、肉体对心灵之间的相互活动，因为它们二者都是我们所关心的整体的一部分。

我们可以从这些证据中得到一个结论：生活的模式和其对应的情绪倾向会不停地对身体发展施以影响。假使儿童很早就固定他的生活模式，而我们本身又有足够经验，那么，我们便能预见他以后生活中的身体表现。勇敢的人会把他态度的结果表现于他的体格中。他的身体会长得与众不同。他的肌肉较为强壮，他的体态也较为优美。风度对身体的发展可能有相当大的影响，它也可能是肌肉较为健美的部分原因。勇者的脸部表情也和普通人不一样，结果他的整个外形都会异于常人，甚至他骨骼的构造也会受到影响。

心灵也能够影响大脑。病理学的许多事例显示：由于大脑右半球受损而丧失阅读或书写能力的人，能够训练大脑的其他部分来恢复这些能力。常常有许多中风的患者，其大脑受损的部分已经完全没有复原的可能性，可是大脑的其他部分却能补偿并承受起整个思维系统的功能，从而使大脑的功能再度恢复。当我们想证实个体心理所主张的教育应用的可能性时，这一事实是特别重要的。如果心灵能够对大脑施以这样的影响，如果大脑只不过是心灵的工具（虽然是最重要的工具，但仍然只是工具而已），那么，我们就能找出发展或增进此种工具的方法。

如果心灵将目标固定于错误的方向，它对大脑的成长就无法施以有益的影响。因此，我们发现有许多缺乏合作能力的儿童，在以后的生活中总是缺乏创造力。因为成人的举止能显出他青少年时所建立的生活模式对他的影响，以及他的统觉表和他赋予生活意义的结果，所以，我们应该发现他所蒙受到的合作障碍，并帮助他在失败中总结教训。在个体心理学中，我们已经朝这门科学踏出了第一步。

身心类型及处理方式

有许多学者曾指出：在心灵和肉体的表现之间，有一种固定的关系存在。但是，他们却似乎没有哪一个人曾经试图找出这二者之间的确实关系。例如，克雷奇默（Kretschmer）曾告诉我们：如何从身体的结构中看出一个人是和某一类型的心灵互相对应，这样我们就能把大部分的人类区分成许多类型。比方说，圆脸、短鼻大多属于肥胖的类型。正如凯撒大帝所说的：“我愿四周都围绕着肥胖的人，有圆溜溜肩膀的人，能通宵熟眠的人。”① 克雷奇默认为这样的体格与某些心理特征有关，但他却没有说明其间为什么会有关联。依据我们的经验，具有这种体格的人似乎都不会有器官上的缺陷，他们的身体非常适合于我们的文化。在体格上，他们觉得能和别人一较长短。他们对自己的强壮有充分的信心。他们不紧张，如果他们希望和别人竞争，他们也会觉得能够全力以赴。然而，他们却没有把别人当作敌人看待的必要，也不需要把生活当作是充满敌意般的挣扎。心理学中有一派把他们称为“外向者”，但却没有说明为什么如此称呼他们。我们认为他们是外向者，则是因为他们未曾因其身体感到任何困扰。

克雷奇默区分出的另一个相反类型是神经质的人。他们有些很瘦小，通常为身体瘦高，长鼻子，蛋形脸。他相信这种人保守而善于节俭，如果他们患有心理疾病，大多是精神分裂症。他们是凯撒大帝所说的另一类型：“卡修士有枯瘦而饥饿的外形，他的计谋太多，这样的人很危险。”②

这种人很可能蒙受器官缺陷之苦，而变得较自私、较悲观、较内向。他们要求得到的帮助也许比别人多。当觉得别人对他关心不够时，他们会变得怨恨而多疑。不过，克雷奇默也承认，我们能发现许多混合的类型，即使是肥胖型的人也可能发展出属于神经质的心理特征。我们不难了解，假使他们的环境以另一种方式加给他们许多负担，他也会变得胆小而沮丧。若用有计划的打击，我们可能会把任何

---

① 《凯撒大帝》第一场第二景。

② 《凯撒大帝》第一场第二景。

一个小孩塑造成举止像神经质者的人。

如果我们有丰富的经验，我们便能从一个人的各种部分表现中看出其与人合作的程度。人们一直都不知不觉地在找寻此种暗示。合作的需要总是不断地压迫着我们，而我们也一直要想凭直觉找出许多暗示，来指导我们如何在日新月异的生活中更稳妥地决定自己的合作方针。我们知道，在每次历史大变革之前，人类的心灵都已认识到变革的需要，而努力奋斗着要想达成目的。然而，这种奋斗如果单靠本能来决定，便很容易犯错误。同样，人们总是不喜欢身体外貌有严重缺陷的人，例如身体畸形或驼背者。人们对他们虽然还没有十分了解，可是却已经判断他们不适于合作。这是一种很大的错误。目前尚未发现有什么方法可以增强蒙受这些特质之害者的合作程度，他们的缺点因此被过分强调而变成大众迷信的牺牲品。

现在，让我们作一总结。在生命最初的四五年间，儿童会在心灵和肉体之间建立起最基本的关系。他会采用一种固定的生活模式及其对应的情绪和行为习惯。它的发展包括了数量或多或少、程度或深或浅的合作。从中，我们能判断并了解一个人。所有失败者的共同点都表现在合作方面的无能。现在我们可以进一步完善个体心理学的定义，即个体心理学是对合作缺陷的了解。由于心灵是一个整体，而同样的生活样式又会贯穿其所有表现，因此个人的情绪和思想必定会和生活模式调和一致。如果我们看到某种情绪很明显地造成了某种困难，而且违反了自己的利益，仅仅想改掉这种情绪是完全没有用的，因为它是个人生活样式的正当表现，只有改变其生活方式，才能将之斩草除根。

个体心理学为教育和治疗开辟了广阔的领域。我们绝不能只治疗一种病症或一种单独的弱项。我们必须在整个生活的轨迹中，在用心灵解释其经验的方式中，在它赋予生活的意义中，在它为答复由身体和环境接受到的印象而做的动作中，找出其病症和错误所在，这才是心理学真正该做的工作。至于拿针刺小孩而试他跳得多高，或搔他痒，看他笑声多响，这些实在不宜称之为心理学，但这种做法在现代心理学界中却非常普遍，尽管这种做法也能告诉我们和个人心理有关的一丁点东西，不过这也只限于提供证明固定或特殊生活模式存在的证据而已。生活的模式是心理学最适当的主要题材和研究对象，采用其他题材的学派，其主要部分事实上都是源于生理学和生物学。对那些研究刺激和反应的人，企图找出震惊经验所造成效果的人，以及检视由遗传得来的能力，想看它们如何发展出来的人，这种说法都是正确的。然而，在个体心理学中，我们考虑的是灵魂本身，是统一的心灵。我们研究的是个人赋予世界和自身的意义、目标的努力方向，以及对生活问题的处理方式。迄今为止，检视人合作能力的高低仍是我们拥有的了解心理差异的最好方法。

第三章　自卑感与优越感

自卑情绪的生成

“自卑情结”（inferiority complex）是个体心理学的重大发现，它似乎早已名扬于世了。许多学派的心理学家都采用了这个名词，且将它付诸实用。然而，我却不敢肯定他们是否都正确了解或准确无误地应用了这些名词。

我们知道，每一位病患者都有自卑情结。假如只是告诉病人“你正蒙受着自卑情绪之害”，是无济于事的，根本无法增强他的生活勇气，犹如你告诉一个患头疼病的人：“我能说出你有什么毛病，你患着头痛之疾病！”我们问及精神病患者是否觉得自卑时，他们往往会摇摇头说：“不！”有的甚至会说：“正好相反，我比你们谁都清醒。”所以，我们必须注意患者的行为。在他的行为里，我们可以看出他采用什么方式来进行自我保护。假使看到一个傲慢自大的人，我们能猜测他的感觉是：“别人老是瞧不起我，我必须表现一下我是何等人物！”假如我们看到一个在说话时手势表情过多的人，也能猜出他的感觉：“如果我不加以强调的话，我说的话就显得太没有分量了！”这就像是怕自己个子太矮的人，总要踮起脚尖走路，以使自己显得高一点一样。两个小孩子在比身高的时候，怕自己个子太矮的人，会挺直身子并紧张地保持这种姿势，以使自己看起来比实际高度要高一点。

然而，这并不是说有强烈自卑感的人一定是个显得柔弱、安静、拘束或与世无争的人。自卑感的表现方式有千万种，我仅能够用三个孩子初次被带到动物园的故事来说明这一点。当他们站在狮子笼前时，一个孩子躲在他母亲的背后全身发抖地说道："我要回家。"第二个孩子站在原地脸色苍白地用颤抖的声音说道："我一点都不怕。"第三个目不转睛地盯着狮子，并问他的妈妈："我能不能向它吐口水?"事实上，这三个孩子都已经感到自己所处的劣势，但是每个人却都依自己的生活模式表现出他的感觉。

我们每个人都有不同程度的自卑感（inferiority feelings），因为我们都发现所处的地位是我们希望加以改进的。如果我们一直保持着勇气，便能通过直接、实际的方法改进身边所处的环境，脱离这种感觉。没有人能长期地忍受自卑感，人类正是通过思维，而采取某种行动，来解除自己的紧张状态。假如一个人已经气馁了，假如他不再认为脚踏实地的努力能够改进他所处的环境，他仍然无法忍受他的自卑感，他仍然会努力设法要摆脱它们，只是他所采用的方法却不能使他有所收获。他的目标仍然是"凌驾于困难之上"，可是，他却不再设法克服障碍，反倒用一种优越感来自我陶醉，或麻木自己。同时，他的自卑感会愈积愈多，如果造成自卑感的情境一成不变，问题也依旧存在，他所采取的每一个步骤都会逐渐将他导入自欺之中，而他的各种问题也会以日渐增大的压力逼迫着他。如果我们只看他的动作，而不设法予以了解，我们会以为他是漫无目标的。他给我们的印象里，并没有要改进其环境的征兆。我们所看到的是：尽管他也像其他人一样地全力以赴要使自己活得洒脱，可是他却放弃了改变客观环境的希望，他所有的举动都令人无法理解。他如果觉得自己软弱，他宁愿跑到能使他觉得强壮的环境里去寻求庇护，而不是想办法把自己锻炼得更强壮，更有适应能力，他认为自己若是付出努力只能获得部分的成功；如果他对这类盘桓不去的问题觉得应付乏力，他可能会变成独裁的暴君，以重新肯定自己的重要性；他可能用这种方式来麻醉自己。但是真正的自卑感仍然原封未动。他们会变成精神生活中长久潜伏的暗流。在这种情况下，我们便可称之为“自卑情结”。

现在，我们应该给自卑情结下一定义。所谓自卑情结，是指一个人在面对问题时无所适从的表现。由这个定义，我们可以看出，愤怒、眼泪或道歉都可能是自卑情结的表现。由于自卑感总是造成紧张，所以争取优越感的补偿动作必然会同时出现。然而，争取优越感的动作总是朝向生活中无用的一面，真正的问题却被遮掩起来或避而不谈。假如一个人限制了自己的活动范围，苦心孤诣地要避免失败，而不是追求成功，他在困难面前便会表现出犹疑、彷徨甚至是退却。

这种态度可以在对公共场所怀有恐惧症的事例中暴露出来。这种病症的患者表现出一种信念：“我不能走得太远。我必须留在熟悉的环境里，生活中充满了危险，我必须回避它们。”当这种信念被付诸行动时，他便会把自己关在房间里，或待在床上不肯下来。在面临困难时，退缩得最彻底的表现就是自杀。此时，他在所有的生活问题面前，都已经放弃寻求解决之道，他对改善自己身边的环境已经完全无能为力。当我们知道自杀必定是一种责备或报复时，我们便能了解到在自杀中对优越感的争取。在每个自杀案中，我们发现，死者一定会把他死亡的责任归之于某一个人。甚至会说：“我是人类中最温柔、最仁慈的人，而你却这么残忍地对待我！”

每一个精神病患者多多少少都会限制自己的活动范围以及跟整个情境的接触。他想要和生活中必须面临的现实问题保持距离，并将自己局限于他觉得能够主宰的环境之中。以此方式，他为自己筑起了一座窄小的城堡，关上门窗并远隔清风、阳光和新鲜空气，虚度一生。至于他是用怒吼、斥喝或是用低声下气来统治他的领域，则是视他的经验而定。如他会在他试过的各种方法里，选出能够最有成效地达成其目标的一种。有时候，他如果对某一种方法觉得不满意，他也会试用另一种。然而，不管他用的是什么方法，他的目标却是一样的——获取优越感（feeling of superiority），而不是努力改进其情境。

我们把眼泪和抱怨这个极力破坏合作的武器称之为“水性力量”（water power）。经常运用眼泪和抱怨的方式来唤起人们的注意的人，与过度害羞、忸怩作态及有犯罪感的人不相上下，他们都在其举止上表现出自卑情结；他们已默认了自己的软弱和无能；他们隐藏起来而不为人所见的，则是超越一切、好高骛远的目标和不惜任何代价以凌驾别人的决心。相反，一个喜好夸口的孩子，即会表现出其优越情结（superiority complex），可是，如果我们观察他的行为而不管他的话语，那么我们很快便能发现他其中的自卑情结。

所谓“俄狄浦斯情结”（Oedipus Complex），事实上只不过是精神病患者“窄小城堡”的一个特殊例子而已。不敢随心所欲地应对爱的问题的人是无法成功的。假如他把自己的活动范围限制在自己的家庭中，那么他的性欲问题也必须在这范围内设法解决。由于他的不安全感，他从未把自己的兴趣扩展至他最熟悉的少数几个人之外。他怕跟别人相处时，他就不能再依照他习惯的方式来控制局势。俄狄浦斯情结的牺牲品多是被母亲宠坏的孩子，他们所受过的教养使他们相信：他们的愿望是天生的，根本不须凭自己的努力从家庭的范围之外赢取温暖和爱情。在成年期的生活里，他们仍然牵系在母亲的围裙带上。他们在爱情里寻找的，不是平等的伴侣，而是仆人，而能使他们最安心依赖的仆人则是他们的母亲。任何孩子都可能产生俄狄浦斯情结。他们所需要的，是让他的母亲宠惯他，不准自己把兴趣扩展至别人身上，并要自己的父亲对自己冷漠而不关心。

各种精神病病症都能表现出受限制行为的影像。在口吃者的语言中，我们便能看到他犹疑的态度。他残余的社会感觉迫使他和同伴发生交往，但是他对自己的鄙视，他对这种尝试的害怕，却和他的社会感觉互相冲突，结果他在言词中便显得犹豫不决。一些总是甘居人后，三十多岁仍找不到职业，或一直拖延婚姻问题的人都有自卑情结。手淫、早泄、阳痿和性欲倒错，也都是自卑情结的表现。

自卑感与人类文化的生成

自卑感本身并不是变态的，它是人类地位增进的原因。例如，科学的兴起就是因为人类感到自己的无知（ignorance）和他们对预测未来的需要。它是人类在改进自己的整个情境，在对宇宙作更进一步的探知，在试图更妥善地控制自然时，努力奋斗的成果。依我看来，人类的全部文化都是以自卑感为基础的。假如我们想象一位兴味索然的观光客来访问我们人类的星球，他必定会有如下的观感：“这些人类呀，看他们各种的社会和机构，看他们为求取安全所作的各种努力（防雨的屋顶，保暖的衣服，交通便利的街道），很明显，他们都觉得自己是地球上所有居民中最弱小的一群!”在某些方面，人类确实是所有动物中最弱小的。我们没有狮子和猩猩那么强壮，也不比许多种动物更适合于单独地应付生活中的困难。虽然有些动物也会成群结队地以群居生活来弥补软弱，但是人类却比我们在世界上所能发现的任何其他动物需要更多及更深刻的使用。人类的婴孩是非常软弱的，他们需要许多年的照顾和保护。由于每一个人都曾经是人类中最弱小、最幼稚的婴儿，由于人类缺少了合作，便只有完全听凭其环境的宰割。所以我们不难了解，假如一个儿童未曾学会合作之道，他必然会走向悲观之途，并萌生牢固的自卑情结。我们也能了解；即使是对最善于合作的个人，生活也会不断向他提出等待解决的问题。没有哪一个人会发现自己所处的地位已经接近能够完全控制其环境的最终目标。生命太短，我们的躯体也太软弱，可是生活的问题却不断地要求更丰硕及更完善的答案。我们不停地提出我们的答案，然而，我们却绝不会满足于自己的成就而止步不前。无论如何，奋斗总是要继续下去的，但是，只有合作的人才能真正地增进我们共同的情境。

我们永远无法到达我们生命的最高目标，这个事实我想是没有人会怀疑的。假如一个人或人类整体已经抵达到一个完全没有任何困难的境界，那么在这种环境中的生活一定是非常沉闷的。每一件事情都能够被预料到，每桩事物都能够预先被算计出。明日不会带来意料之外的机会，对未来，我们也没有什么可以寄望。我们生活中的乐趣，主要是由我们的缺乏肯定性而来的。如果我们对所有的事都能肯定，如果我们知道了每件事情，那么讨论和发现便已经不复存在，科学也已经走到尽头，环绕着我们的宇宙也只是值得述说一次的故事，曾经让我们想象我们未曾达到的目标，而给予我们许多愉悦的艺术和宗教，也不再有任何的意义。幸好，生活并不是这么容易就消耗殆尽的。人类的奋斗一直持续未断，我们也能够不停地发现新问题，并制造出合作和奉献的新机会。精神病患者在开始奋斗时，即已受到阻碍，他对问题的解决方式始终留在很低的水准，他的困难则是相对地增大。正常的人对自己的问题会怀有逐渐改进的解决之道，他能接受新问题，也能解出新答案，因此，他有对别人贡献的能力。他不会落于人后而增加同伴的负担，他不需要，也不要求特别的照顾。他能够依照自己的社会感觉独立而勇敢地解决自己的问题。

个体优越感的目标

每个人都有优越感目标，它是属于个人所独有。它决定于他赋予生活的意义，这个意义又不单只是口头上的——它建立在他的生活模式之中，并像他自己独创的奇异曲调一样地布满于其间。然而，在他的生活模式里，他并没有把他目标表现得简洁而清晰。他表现的方式非常含糊，我们只能凭他的举止动作来猜测。了解一种生活模式就像了解一位诗人的作品一样。诗虽然是由字组成的，但是它的意义却远较它所用的字为多。我们必须在诗的字里行间推敲它大部分的意义。个人的生活模式也是一种最丰富和最复杂的作用，心理学家必须学习如何在其表现中推敲。换句话说，他必须学会欣赏生活意义的艺术。除此之外，别无他法。

生活的意义是在生命开始的四五年间获得的，获得的方法不是经由精确的数学计算，而是在黑暗中摸索，像瞎子摸象般地只凭感觉捕捉到一点暗示后，即做出自己的解释。优越感的目标也同样是在摸索和测绘中固定下来的。它是生活的奋斗，是动态的趋向，而不是绘于航海图上的一个静止点。没有哪一个人对他的优越感目标清楚得能够将之完整无缺地描述出来。他也许知道他的职业目标，但这只不过是他努力追求的一小部分而已。即使目标已经被具体化，抵达目标的途径也是千变万化的。例如，有一个人立志要做医师，然而，立志要成为医师并不意味着仅是希望成为科学或病理学的专家，他还要在他的活动中，表现出他自己比别人更特殊的兴趣。从中我们便清楚地发现这是他用来补偿自卑感的一种方法。例如，我们常发现大多医师在儿童时期很早便认识了死亡的真面目，而死亡又是给予他们最深刻印象的人类不安全的一面。也许是因为兄弟或父母过早去世了，他们以后学习的发展方向，便在于为他们自己或为别人找出更安全、更能抵抗死亡的方法。另一种人也许把成为教师当作他的具体目标，但是，我们也很清楚教师之间的差异是非常大的。假如一个老教师的社会感觉很低，他以当教师作为优越感目标的目的，可能就是想统治知识较他低下的人，他可能只有和比他弱小或比他缺乏经验的人相处时，才会觉得安全。只有高度社会责任感的教师会平等对待他的学生，他是真正想对人类的福利有一番贡献。在此，我们还要特别提起的是，教师之间不仅能力和兴趣的差异非常大，而且他们的目标对他们的外在表现也有很重要的影响。当目标被具体化之后，他们都会找出方法来表现他赋予生活的意义和他争取优越感的最终理想。

一个人可能改变使其目标具体化的方法，正如他可能改变他具体目标的表现之一——他的职业。所以，我们必须找出他潜在的一致性，其人格的整体。这个整体无论是用什么方式表现，它总是固定不变的。如果我们拿一个不规则三角形，依各种不同位置来安放它，那么每个位置都会给予我们不同三角形的印象。但是，假如我们再努力观察，就会发现这些三角形在概念上始终是一样的，个人的整个目标也是如此。它的内涵不会在一种表现中表露无遗，但是我们都能从它的各种表现中认出它的庐山真面目。我们绝不可能对一个人说：“如果你做了这些或那些事情，你对优越感的追求便会满足了。”对优越感的追求是极具弹性的，事实上，一个思维正常的人，当他的努力在某一特殊方向受到阻挠时，他便能另外找寻新的门路。只有精神病患者才会认为他的目标的具体表现是：“我必须如此，否则我就走投无路了。”

我们不打算轻率地描述任何对优越感的特殊追求，但是我们在所有的目标中，却发现了一种共同因素——想要成为神（be godlike）的努力。有时，我们会看到小孩子毫无顾忌地以这方式表现他们自己。他们说：“我希望变成上帝。”许多哲学家也有类似的思想，连教育家们也希望把孩子们塑造得如神一般。在古训中也可以看到同样的目标：教徒必须把自己修炼得近乎神圣。变成神圣的理想，曾以较温和的方式表现在“超人”（superman）的观念之中。据说：尼采（Nietzsche）在发疯之后，在写给史村保（Strindberg）的一封信中，曾经署名为“被钉于十字架上的人”。发狂的人经常不加掩饰地表现他们的优越感目标。他们会断言“我是拿破仑”或“我是皇帝”。他们希望能成为整个世界最引人注意的中心，成为四面八方顶礼膜拜的对象，成为掌握有超自然力量的主宰，并且能预言未来。

变成神圣（god - likeness）的目标也许会以较合乎理性的方式，表现在变成无所不知而拥有宇宙间所有智慧的欲望中，或在使其生命成为不朽的希望里。无论我们希望保存的是我们俗世的生命，还是我们想象我们能够经过许多次轮回，而一次又一次回到人间来，或是我们预见我们能够在另一个世界中永存不朽（immortality），这些想法都是以变成神圣的欲望为基础的。在宗教的训诲里，只有神才是不朽的东西，才能历经世世代代而永生。我不打算在这里讨论这些观念的是是非非；它们是对生活的解释，它们是“意义”；而我们也各以不同的程度采用了这种意义——成为神或成为圣。甚至是无神论者，也希望能征服神，能比神更高一筹。我们不难看出，这是一种特别强烈的优越感目标。

优越感的目标一旦被具体化后，在生活的模式中，个人的习惯和病症，对达到其具体目标而言，都是完全正确的。无可非议，每一个问题儿童，每一个精神病患者，每一个酗酒者、罪犯或性变态者，都采取了适当的行为，以达到他们认为是优越地位的目的。他们不可能抨击自己的病症，因为他们有这样的目标，就应该有这样的病症。

“奇异”的优越感

在一所学校里，有个男孩子是班上最懒惰的学生。有一次，老师问他：“你的功课为什么老是这么糟?”他回答道：“如果我是班上最懒的学生，你就会一直关心我。你从不会注意好学生，他们在班上又不捣乱，功课又做得好，你怎会注意他们?”只要他的目标是在吸引别人注意或使老师烦心，他便不会改变现状，要他放弃他的懒惰也是丝毫不生效用。从这个方面来看，他这样做是完全正确的，如果他改变他的行为，他便是个笨蛋。

另外，有个在家里非常听话，却显得相当愚笨的男孩子，他在学校中总是落于人后，在家中也显得平庸无奇。他有一个大他两岁的哥哥，生活样式却和他迥然不同。他哥哥又聪明又活跃，可是生来鲁莽成性，不断惹出麻烦。有一天，弟弟对哥哥说道："我宁可笨一点，也不愿意像你那么粗鲁！"假如我们认清他的目标是在避免麻烦，那么他的"愚蠢"实在是非常明智之举。由于他的愚蠢，别人对他的要求也比较少，如果他犯了过错，他也不会因此受到责备，从他的目标看来，他不是愚笨，而是装傻。

直至今日，一般的治疗都是对症下药。不管是在医疗上或是在教育上，个体心理学对这种态度都是完全相反的。当一个孩子的数学赶不上别人，或学校作业总是做不好时，如果我们想改进他，那是完全没有用的。也许他是想使老师困扰，甚至是使自己被开除以逃避学校。假使我们在一点上纠正他，他会另找新途径来达成他的目标。这和成人的精神病恰恰是相同的。例如，假设他患有偏头痛，这种头痛对他非常有用，当他需要时，头痛便会适逢其时地发作，并可以免去许多社交问题。同时，它们还能帮他对他的下属或妻子和家属滥发脾气。我们怎么能够期望他会放弃这么有效用的方式呢？从他的观点看来，他的这一举措仍不失明智。无疑，我们可以用能够震惊他的解释来"吓走"这种病症，正如用电击或假的手术偶尔也能够"吓走"战场恐惧症一样。也许药物治疗也能使他在这一点获得解脱，并使他难以再沿用他所选择的特殊病症，但是，只要他的目标不变，即使是放弃了一种病症，他也会再选用另一种。"治疗"自己的头痛，他会再害上失眠症或其他新病症。只要他的目标依旧不变，他就必须继续找出新毛病。有一种精神病患者能够以惊人的速度甩掉他们的病症，他们变成了精神病症的收藏家，不断地扩展他们的收藏目录。阅读心理治疗的书籍，只是向他们提供许多他们还没有机会一试的精神病困扰而已。因此，我们必须探求的是他们选用某种病症的目的，和此种目的与一般优越感目标之间的关联。

假若我在教室里要来一架梯子，爬上它，并坐在黑板顶端。看到我这样做的每个人很可能都会想道："阿德勒博士发疯了。"他们不知道梯子有什么用，我为什么要爬上它，或我为什么要坐在那么不雅观的位置上。但是，如果他们知道："他想要坐在黑板顶端，因为除非他身体的位置高过其他人，否则他便会感到自卑。他只有在能够俯视他的学生时，才感到安全。"他们便不会以为我是疯得那么厉害了。我是用了一种非常明智的方法来达成我的具体目标。梯子看来是一种很合理的工具，我爬梯子的动作也是按计划而行的。我疯狂的所在，只有一点，那就是我对优越地位的解释。假如有人说服我，让我相信我的具体目标实在选得太糟，那么我便会改变我的行为。但是，假如我的目标保留不变，而我的梯子又被拿走了，那我会用椅子再接再厉地爬上去。假使椅子也被拿走，我会用跳或运用我的肌肉和四肢来攀爬。每个精神病患者都是这个样子的。他们选用的方法都正确无误，无可厚非。他们需要改进的是他们的具体目标。目标一改变，心灵的习惯和态度也会随之改变。他不必再用他旧有的习惯和态度，适合于他的新目标的态度会取代它们。

让我举一位因为焦虑而无法与人交友的困扰，而来向我求助的 30 岁妇女为例：她因为在职业问题上总是无法获得进展，结果仍然要依赖家庭供给生活所需。偶尔她也会从事些诸如打字员或秘书之类的小工作，但是由于命运不佳，她遇到的雇主总是想向她求爱，让她感到烦恼，使她不得不一次又一次离职。然而，有一次她找到一个职位，这次她的老板似乎对她毫无兴趣，结果她觉得受到轻视，又愤而辞职了。她已经接受心理治疗达数年之久（8 年左右），但是治疗的效果却一直未能使她做到与人相处，或让她找到能够赖以谋生的职业。

当我在诊疗她时，我追踪她的生活模式至童年时期的第一年。没有学会如何了解儿童的人，是不可能了解成人的。她是家里的“妖女”，非常美丽，而且被宠得令人难以置信。当时，她双亲的境况非常好，因此她只要说出要求，就一定能如愿以偿。当我听到这些时，我赞叹地说：“你像公主一样地被服侍得无比周到！”“是呀，”她回答道，“那时候每个人都称我为公主呢！”我要求她说出最早的回忆时，她说：“当我四岁时，我记得我有次走出屋子，看到许多孩子在玩游戏。他们动不动就跳起来，大声叫道：‘巫婆来了！’我非常害怕，回家后，我问家里的老奶奶，是不是真的有巫婆存在。她说：‘真的，有许多巫婆、小偷和强盗，他们都会跟着你到处跑’。”从此以后，她便很怕一个人被留在房子里，并且把这种害怕表现在她的整个生活中。她总觉得自己的力量还不足以离开家，家里的人必须支持她，并在各方面照顾她。她的另一个早期回忆是：“我有一个男钢琴老师。有一天，他想要吻我，我钢琴也不弹了，还跑去告诉我的母亲，我再也不想弹钢琴了。”在此，我们看到她已经学会和男人保持距离，而她在性方面的发展，也都遵循着避免发生爱情纠葛的目的而行。她觉得恋爱是一种软弱的象征。在这里，我必须提出：有许多人在卷入爱的漩涡时，都觉得自己很软弱。在某些方面看来，他们是不错的。只有优越感目标为“我决不能软弱，我决不能让大家知道我的底细”的人，才会躲开爱情的相互依赖关系，造成始终无法接受爱情的后果。你常常能注意到：当他们觉得有陷入爱情的危险时，他们便会把这种情况弄糟。他们会讥笑、嘲讽并揶揄可能使他们陷入危险的人。

这个女孩子在考虑爱情和婚姻时，也会感到软弱，结果在她从事某种职业时，如果有男人向她求爱，她便会感到惊慌失措，除了逃避开外，再也无计可施。当她仍然未学会如何应付这些问题时，她的父母相继去世，她的王朝也垮了。她打算找些亲戚来照顾她，但是事情可没有这么如意。过不了多久，她的亲戚便对她非常厌倦，再也不给予她所需要的关怀。她很生气地责备他们，并且告诉他们："让我一个人孤零零的生活，是件多么危险的事。"又过了很长时间，她才勉强地接受孤苦伶仃的生活模式。我相信假如当时她的家族都完全不为她烦心，她一定会发疯。她达成自己优越感目标的唯一方法，就是强迫她的家族资助她，让她免于应付所有的生活问题。在她的心灵中，存在这种幻想："我不属于这个星球。我属于另一个星球，在那儿，我是公主。这个可怜的地球不了解我，也不知道我的重要性。"再往前进一步的话，她就要发疯了，幸亏她自己还有点理智，她的亲戚朋友也还肯照顾她，所以她还没有踏上这最后一步。

另外还有一个例子，可以很清楚地看出自卑情结和优越情结。有一个 16 岁的女孩子被送到我这儿来，她从 7 岁起，便开始偷窃，12 岁起，便和男孩子在外面过夜。当她出生时，她父母间的争执正达到最高潮，因此她的母亲对她的降临并不表示欢迎。她从未喜欢过她的女儿，在她们之间，一直存在着一种紧张状态。这个女孩 2 岁时，她的双亲经过长期激烈的争吵后，终于离婚了。她被她的母亲带到祖母家里抚养，她的祖母对这个孩子非常宠爱。当这个女孩子来看我时，我用友善的态度和她谈话，她告诉我："我不喜欢拿人家的东西，也不喜欢和男孩子到处游荡，我这样做，只是要让我妈妈知道她管不了我！”“你这样做，是为了要报复吗？”我问她。“我想是的。”她答道。她想要证明她比她母亲强，但是她之所以有这个目标，是因为她觉得自己比母亲软弱。她感到她母亲不喜欢她，而受到自卑情结之苦。她认为能够显示她优越地位的唯一途径就是到处惹是生非。儿童犯偷窃或其他不良行为，经常都是出自报复心理。

我们要怎样做才能帮助这些用错误方法来追求优越感的人呢？追求优越感是每个人的共性。懂得这个道理，我们便能对他们的所作所为表示理解，并设法帮助他们。他们所犯的唯一错误是他们的努力都指向了生活中毫无用处的一面。每一件人类的创作背后，都隐藏有对优越感的追求，它是所有对我们文化贡献的源泉。人类的整个活动都沿着由下到上，由负到正，由失败到成功这条伟大的行动线向前推进。然而，真正能够应付并主宰生活的人，只有那些在奋斗过程中，能表现出利人倾向的人，他们超越前进的方式，使别人也能受益。如果我们以这种正确的方式来对待人，我们便会发现：要他们悔悟并不困难。人类所有对价值和成功的判断，最后总是以合作为基础的，这是人类种族最伟大的共同点。我们对行为、理想、目标、行动和性格特征的各种要求，都是它们应该有助于人类的合作。我们绝不可能发现一个完全缺乏社会感的人，精神病患者和罪犯也都知道这个公开的秘密。这一点，可以从他们拼命想替他们的生活模式找出合适的理由和把责任往别处推等行动中看出来。可是，他们已经丧失了往生活中有用的一面前进的勇气。自卑情结告诉他们：“在合作中获取成功没有你的份。”他们已经避开了真正的生活问题，而和虚无的阴影作战，以使他们自己重新肯定自己的力量。

在人类的分工中，有许多可供安置不同具体目标的空间存在。我们说过，每种目标都可能含有少许的错误在里头，而我们也总能找出某些东西来吹毛求疵。对一个儿童而言，优越的地位可能在于数学知识，对另一个可能在于艺术，再则，有可能是健壮的体格。消化不良的孩子可能以为他所面临的问题，主要是营养问题。他的兴趣可能转向食物，因为他觉得这样做便能改变他的情况。结果，他可能变成专门的厨师，或营养学家。在各种特殊的目标里，我们都能看到：和真正的补偿作用在一起的，还有对某些可能性的抗拒，和对某种自我限制的训练。例如，一个文学家事实上必须时时离开社会，才能思考，才能著作。但是，假使其优越感目标中包含有高度的社会感，那么，它所犯的错误便不会太大。

第四章　早期的记忆

追求优越地位，是整个人格的关键，我们将在个体通灵生活的各处遇到它。认清这一事实，有助于我们了解个人生活模式的工作情况。首先，我们可以任选一种行为表现来开始我们的研究。不管我们选的是哪一种，结果都殊途同归——它们都能显现出可作为人格核心的动机。其次，可供我们研究的材料会变得非常丰富——每个字、思想、感觉或姿势都能视为整体的一部分来加以了解，从而对其意义作最后的决定。每种表现都述说着同样的事情，每种表现都迫使我们趋向一致的答案。我们就像一群考古学家，所不同的是他们搜寻着陶器碎片、古代的工具、建筑物的断垣残瓦、破败的纪念碑、古本书籍的残页，然后从这些残余物中推知业已毁灭的整个城市的生活。我们研究的并不是已经毁灭之物，而是人类内部结构的层面。换句话说，就是能够将其本身的意义，以连续的新表现，展示在我们眼前的活动人格。

了解一个人并不是简单的事。

所有的心理学中，个体心理学可能是最难学习和最难应用的。我们既要全神贯注，找出人格的整体，又须心存疑虑，直至问题最终解决，还必须从细枝末节中搜集灵感——例如从一个人进入房间的方式，他握手的方式，他微笑的样子，他走路的姿态等等。心理治疗本身就是一种合作的练习和合作的试验。只有我们真正对别人有兴趣，才能获得成功。我们必须设身处地地替他设想，来增加对他的一般了解。我们必须把他的态度和他的困难拿来一起解决。即使我们觉得已经了解他，也还不足以证明是对的。不能放之四海而皆准的真理，一定不是全部的真理。也许是因为不知道这一点，所以其他学派才会提出个体心理治疗从不谈的“负转移和正转移”等概念。

娇宠一个放任成性的病人，可能是赢取他好感的一种简单方法，但是这很明显会加深他想驾驭别人的欲望。如果我们轻蔑他，那很容易惹起他的敌意。他可能中止接受治疗，也可能希望我们道歉来证明他的做法正确，而继续接受治疗。事实上，娇宠或是轻视都是不能够帮助他的。我们应该向他表示一个人对其同类应有的兴趣。没有一种兴趣会比这更真实、更客观。为了他自己的幸福，也是为了别人的利益，我们必须和他合作，来解决他的困难。记住了这个目标，我们便不会冒险等待令人兴奋的“转移”现象出现，或是摆出权威的姿态，或是将他置于依赖和不负责任的地位。

在所有通灵表达中，最能显露其中秘密的是一个人的记忆。记忆是可随身携带，而能使人想自己本身的各种限度和环境的意义的东西。记忆绝不会出自偶然：个人从他接受到的多得不可计数的印象中，选出来记忆的，只有那些他觉得对他的处境有重要性的东西。因此，他的记忆代表了他的“生活故事”；他反复地用这个故事来警告或安慰自己，使自己集中精力于自己的目标，并按照过去的经验或者行为模式来应付未来。在每天的行为中，都很容易看到人们如何利用记忆来平稳自我的情绪。如果一个人遭遇挫折而感到沮丧，他会回想起过去失败的例子。假如忧郁成性，他的所有记忆都会带有忧郁的色彩。假使他是愉悦而富有勇气的，他会选择完全不同的记忆。他回想起的意外都是愉快的，它们能使他的乐观主义更为坚定。同样，如果他觉得自己面临了问题，他会唤起各种记忆来帮助他摆出应付问题的心境。因此，记忆也能达到和梦一样的目的。许多人在面临抉择时，会梦见自己曾经顺利通过的考验。这是他们把决定看作是一种考验，而想要重新产生曾经使他们成功过的心境。在个人生活模式中，心境的变化和他一般心境的结构以及平衡都遵守着同样的原则。患有忧郁症的人常常告诉自己："我的整个生命都是不幸的。"并只选择能被解释为他不幸命运的事件来回忆，假如回想起他的成功和他的得意时光，便不会再忧郁。记忆绝不会和生活的模式背道而驰。假如一个人的优越感目标让他感到："别人总是在侮辱我。"他便会选择能被他解释为侮辱的意外事件来供他记忆之用。只要他的生活模式改变，他的记忆也会随之改变。

早期的记忆是特别重要的。首先，记忆显示出生活模式的根源及其最简单的表现方式。从中，我们可以判断：一个孩子是被宠惯的还是被忽视的，他学习和别人合作到何种程度，他愿意和什么人合作，他曾经面临过什么问题，以及他如何对付它们。在患有视力困难而曾经训练自己要看得更真切的儿童的早期记忆中，我们曾看到许多和视觉有关的现象。他的回忆可能一开始就说："我环顾四周……"他也可能描述各种颜色和形状。行动困难，而希望自己能跑能跳的儿童，也曾把这些兴趣表露在他的回忆中。从儿童时代起便记下的许多事情，必定和个人的主要兴趣非常相近。假如我们知道了他的主要兴趣，便能知道他的目标和生活模式。这件事实使早期的记忆在职业性的辅导中，具有重大的价值。此外，我们在其中还能看出儿童和父母，以及家庭中其他成员之间的关系。至于记忆的正确与否，倒是没有多大关系的。记忆最大的价值在于代表了个人的判断："在儿童时代，我就是这样的一个人"或"在儿童时代，我便已经发现世界是这个样子"。

各种记忆中最富有启发性的，是他开始述说其故事的方式，他能够记起的最早事件，第一件记忆能表现出个人的基本人生观雏形。它给我们一个机会，让我们一见之下，便能看出：他是以什么东西作为其发育的起始点。我在探讨人格时，是绝不会不剖析其最初记忆的。有时候人们会回答不出，或宣称他们记不清哪件事情发生在先，但是这种表现本身就很富于启发性。我们可以推测，他们是不愿意讨论他们的基本意义，或是不想合作。一般而言，人们都是很喜欢谈他们的最初记忆的。他们把它当作是单纯的事实，而不会想到隐藏着的意义。很少有人了解最早的记忆，大部分的人都会从他们的最初记忆中，坦然无隐地透露出他们生活的目的，和别人的关系以及对环境的看法。最初记忆中，另外一点很有趣的是它们的浓缩和简要，能使我们利用它做大量的探讨。我们可以要求一般学生写下他们最早的回忆，如果我们知道如何解释他们，我们对每个儿童便有了一份非常有价值的资料。

为了便于说明，下面我举了几个最早记忆的例子并加以解释，以加强我们推测的能力。我们必须知道哪些事情可能是真的，也必须能够拿一种记忆和另一种记忆互相比较。尤其是应该能够看出：一个人所受过的训练是使他趋向合作，还是反对合作；他是勇气十足，还是胆小沮丧；他是希望受人支持和被人照顾，还是充满自信而能够独立；他是准备施予，还是只想收受。

敌意的记忆限制身心发展

1. “因为我的妹妹……”环境中的那一个人在最早记忆中出现，是件必须加以注意的重要之事。当他妹妹出现时，我们可以断定：这个人曾经在她的影响之下感受颇深。这位妹妹在他的身心发展上曾经投下一层阴影。通常在这两者之间会发现一种敌对状态，就像他们是在比赛中互相竞争一样。我们也不难了解这种敌对状态会使其发展增加许多困难。当一个儿童心中充满对别人的敌意时，他绝不会像在以友谊关系和别人合作时一样地对别人产生兴趣。然而，我们的结论也不能下得太早，也许这两个人是好朋友也说不定。

“因为我妹妹和我是家中年纪最小的，所以在她长大到可以去上学以前，我也不准上学的。”现在，敌对状态变得很明显了。我的妹妹妨碍了我！她年纪比我小，但我却不得不等她。她限制了我的机会！如果这是这个记忆的真正意义，我们能够想象到：这个男孩或女孩会觉得“我生活中最大的危险，就是有某个人限制我，妨碍了我的自由发展”。这个作者可能是一个女孩子。男孩子似乎很少受到这种要等待妹妹大到可以上学的限制。

“结果我们在同一天开始了。”站在她的立场，我们不认为这是对女孩子最合适的一种教育。它可能给她一个印象：因为她年纪较大，所以她必须排在他人之后。在任何情况下，我们都能感到这个女孩运用着这种解释。她觉得她是为了要顾全妹妹的利益而被忽视的。她会把这种忽视归罪于某一个人，这个人很可能是她的母亲。假使她因此而更依恋她的父亲，想使自己成为他的宠儿，我们也不必感到惊讶。

“我很清楚地记得，妈妈告诉每一个人说：当我们第一天上学时，她是感到多么的寂寞。她说：‘那天下午，我跑到大门口好几次，盼望着女儿们。我一直怕她们不会回来了。’”这是对她母亲的描述，这个描述显示她的行为并不是非常理智的。这是这个女孩子对她母亲的看法。“怕我们不会回来”——很明显，这母亲是很慈爱的，她的女儿们也都知道她的慈爱。但是，她同时也是紧张和焦虑的。如果我们能和这个女孩子谈谈，她可能会说出她母亲偏爱妹妹的更多事情。这种偏爱并不值得大惊小怪，因为最小的孩子总是较受宠的。从她的整个最初记忆，可以作出结论：这两姊妹中年纪较长的一个，因为妹妹的敌对，而觉得受到妨碍。在她以后的生活中，我们可能会看到嫉妒和害怕竞争的信息。假使她不喜欢比她年轻的妇女，也不是件什么奇怪的事。有些人在其一生中总觉得自己太老了；有许多善妒妇女，在比她们年轻的同性面前总是自惭形秽。

死亡信息的恐惧

2. “……我最早的记忆是我祖父的葬礼，当时我 3 岁。”这是一个女孩子写的。她对死亡这件事存有很深刻的印象。这意味些什么呢？她把死亡看作是生活中最大的不安全，最大的危险。她从儿童时期发生在她身上的各种事件中得出一个结论：“祖父会死。”我们还可能发现：她是祖父的宠儿，一直受到他的疼爱。祖父母几乎都是很疼爱孙儿们的。他们对孩子比父母亲较少负教养之责，而且他们经常希望孩子们能依附他们，以表示他们仍然能够获得温情。

我们的文化很不容易让老人们感到自己有价值，于是，他们会用一些简单的方法来肯定自己的重要性——例如喜欢动怒等。在此，我们不难相信当这个女孩幼小的时候，她的祖父非常疼爱她，他的宠爱使她产生深刻的记忆。当他死时，她觉得受到严重的打击：一个亲属兼益友丧失了！

“我很清楚地记得，他躺在棺材里，脸色苍白，全身僵硬。”我不认为让一个3岁的小孩看尸体是个明智之举，至少也应该让孩子先有心理上的准备。孩子们经常告诉我：他们对看到死人的印象非常深刻，永远无法忘怀。这个女孩子也没有忘掉。这样的小孩会努力设法克服或消除对死亡的恐怖。长大了当医师便成为他们的志向。他们觉得医师所受的训练，比其他人更能对抗死亡。反过来说，医师的最初记忆常包含有关于死亡的记忆。“躺在棺材里，脸色苍白，全身僵硬。”——这是对可见之物的记忆。也许这个女孩子是属于视觉型的，对观察世界特别感兴趣。

“然后到了坟墓。当棺材放进墓穴后，我记得那些绳子被从那粗糙的盒子下面拉了出来。”她又告诉我们她所看到的东西。我们更坚信，她是属于视觉型的猜测了。“这次经验留给我很深的恐惧，以后每当提起我的任何亲戚、朋友或熟人到另一个世界去了，我总会吓得全身发抖。”

我们再次注意到死亡留给她的深刻印象。如果我有和她谈话的机会，我会问：“以后你想从事什么职业？”她可能回答：“医师。”假如她回答不出或避开这个问题，那么我会给她暗示：“你不想当医师或当护士吗？”她如果提起到“另一个世界去”，即是对死亡恐惧的一种补偿作用。从她的整个记忆中，我们得知她的祖父对她非常好，她是属于视觉型的，而死亡在她的心灵中扮演了重要的角色。她从生活中获得的意义是："我们都会死。"这当然是事实，但是，每个人的主要兴趣不会都在于此，还有许多事情能够吸引我们的注意力。

亲系与竞争的记忆

3. "当我 3 岁的时候，我的父亲……"一开始，她的父亲便出现了。我们可以假设：这个女孩子对她父亲的兴趣远过于对她母亲。对父亲的兴趣是属于发育的第二阶段。孩子最先总是对母亲比较感兴趣，因为在最初的一二年间，和母亲的合作是非常密切的。孩子需要母亲，她依附着她；她的整个心灵活动都牵系在母亲身上。如果她转向父亲，母亲便失败了。因为孩子对她的处境已有所不满。通常这是更小的孩子诞生的结果。假使我们在这篇回忆中，看到有新孩子出现，我们的猜测就对了。

"我的父亲买给我们一对矮种马。"孩子不止一个。我们必须注意另一个孩子。"他牵着马的缰绳把它们带来。比我大三岁的姐姐……"我们必须修正我们的解释了。我们以为这个女孩子是姐姐，事实上她的年纪却较小。也许她的姐姐是母亲的宠儿，所以这个女孩子才会先提起她的父亲和两只矮种马的礼物。

"我的姐姐拿过一条缰绳，牵着她的马，得意洋洋地在街上走着。"这是她姐姐的胜利姿势。"我的马紧跟着另一匹跑，跑得太快了，我总是赶不上。"——这是她姐姐走在前头的结果！"我跌倒了，它拖着我在地下跑。这次游玩兴高采烈地开始，却落得凄惨不堪地收场。"姐姐胜利了，出尽了风头。我们可以断定，这个女孩子的意思是："如果我不小心，我的姐姐会老是占上风。我会被打败，我会趴倒在地。安全的唯一方法就是在前领先。"我们也能了解：她的姐姐已经赢取了母亲，这就是她之所以转向父亲的原因。

"以后，我的骑术虽然超过我的姐姐，但这丝毫弥补不了那次遗憾。"现在，我们的所有假设都得到证实。在这两姐妹之间，我们可以看到有一种竞争存在。妹妹觉得："我一直掉在后头，我必须设法赶上，我必须超过其他人。"我曾经说过，次子或年纪较小的孩子，经常有一个竞争的对手，而他们又一直想要击败他们的对手。这个例子就是这种类型。这个女孩子的记忆加强了她的态度。

根深蒂固的困惑

4. "我最早的记忆是被我姐姐带到宴会和各种社交场合。当我出生时，她大约是 18 岁。"这个女孩子记得她自己是社会的一部分。也许我们在这份记忆中发现：她的合作程度比别人来得高。大她 18 岁的姐姐，是家里最宠爱她的人。但是，她却好像曾经用很聪明的方式，使这孩子的兴趣扩展到别人身上。

"因为在我出生以前，我姐姐是家中 5 个孩子中唯一的女孩，她当然喜欢拿我到处炫耀。"这看来并不如我们想象的那么好。当一个孩子被拿来炫耀时，她所感兴趣的可能会变成"受人欣赏"，而不是奉献自己所能。"因此，在我还相当小的时候，她便带着我到处跑。对于那些宴会，我记得的唯一事情是：姐姐老是喜欢强迫我说些话，例如'跟这位小姐说说你的名字'等等。"——这是一种错误的教育方法。假使这位女孩子因此而患上口吃或言语上的困难，也不值得我们惊异。口吃的孩子通常是因为别人对他说话过分注意。他非但无法承受压力，自自然然地和别人交谈，反倒要过分关心自己，并设法使人了解自己。

“我还记得，我说不出话来的时候，回到家总会挨一顿骂，因此我变得很讨厌出门和别人交往。”我们最先的解释必须完全修正了。现在，我们可以看出她最早记忆后面的意义是：“我被带去和别人接触，但是我发现那是很不愉快的。由于这些经历，从此之后，我便讨厌这一类的合作。”因此，即使到现在，她仍然不喜欢与人交往。我们发现：她对这些事情会不自在而过分注意自己，她必须炫耀自己，并觉得这种要求过分沉重。她被训练得要与众不同，而难以平易近人。

受歧视者的反抗欲

5. “我的童年时期，有件大事是让我难以忘怀的。当我大约 4 岁时，我的曾祖母来看我们。”我们说过，祖父母通常都宠爱着他们的孙儿，至于曾祖母如何对待他们，则是我们尚未讨论的事情。“当她来看我们时，我们要拍张四代同堂的照片。”这个女孩子对她的门第非常感兴趣。由于她这么清楚地记得她曾祖母的来访和合拍照片。我们可以推论出：她对家庭的依恋非常之深。如果我们说对了，我们会发现她合作的能力很难超出她家庭圈子的范围之外。

“我很清楚地记得，我们开车到另一个镇上去，当我们抵达照相馆后，我换了一件白色绣花的衣服。”也许这个女孩子也是属于视觉型的。“在我们拍四代同堂的照片以前，我和弟弟先合照了一张。”我们又看到她对家庭的兴趣所在了。她的弟弟是家庭中的一部分，我们很可能听到她和他之间更多的关系。“他坐在我身旁一把椅子的扶手上，手里握着一个亮亮的红球。”她又再次记起见到的东西。“我站在椅子旁边，手里什么东西都没有。”现在我们看到这个女孩子的主要努力目标了。她告诉自己：她的弟弟比她受人宠爱。我们猜测，当她的弟弟出生，并取代她最小和最受人宠爱的地位，她可能觉得非常不高兴。“他们叫我笑。”她的意思是，“他们想要使我笑。但是有什么值得我笑的？他们把我的弟弟摆上宝座，还给他一个亮亮的红球，可是他们给了我什么？”

“然后，拍四代同堂的照片。除了我，每个人都想照出最好看的样子。我一点都没有笑。”她对她的家庭表示抗议，因为她的家庭待她不够好。在这个最早记忆中，她并没有忘记告诉我们她的家庭是怎么对待她的。“当要他笑的时候，我的弟弟笑得好甜。他好聪明。以后我便一直讨厌再拍照片。”她的回忆让我们领悟到大多数人应付生活的方式。我们得到一种印象后，总是喜欢用它来解释所有的事。很清楚，她在拍那张照片时觉得非常不愉快，以后便讨厌再拍照片。当一个人讨厌某件事物而要找出这种厌恶的理由时，他通常会从他的经验中挑选出某些东西来解释。这个最早记忆给予我们关于作者人格的两个主要暗示：第一，她是属于视觉型的；第二，她对家庭依附性很强。她最初记忆的全部情节都发生在家庭圈子里面。她很可能不适于社会生活。

意外事故，终生难忘

6.“我最早的记忆之一是在我大约3岁半时，发生的一件意外事故。帮我父母工作的一个女孩子，把我们带到地窖里，让我们尝苹果酒。我们都很喜欢它。”发现地窖里面有苹果酒一定是件很有趣的事。那是一种探险的历程。如果我们现在就要先下结论的话，我们可以在两种猜测中选择其一。也许这个女孩子很喜欢新环境，在处理生活问题时，充满了勇气。反过来说，她的意思也许是有许多意志较强的人会引诱我们，将我们导向堕落之途。这个记忆的其余部分会帮我们作一决定。“一会儿以后，我们决心要再多尝一点酒，所以我们就自己动手了。”这是个有勇气的女孩。她想要独立自主。“过了不久，我的腿开始不听使唤，它们失去了走动的能力。因为我们把苹果酒都弄倒在地下了，所以地窖也变得潮湿不堪。”在此，我们看到了一个禁酒主义者的诞生！

“我不知道这次意外是否使我不喜欢苹果酒和含酒精的饮料。”一个小的意外又变成了整个生活态度的成因。如果我们只凭想象，便无法看出这种意外何以导致此种结果。反而认为她是个懂得如何从错误中学习的人。她可能富有独立性，犯了错也勇于改过。这个特征可以描绘出她的整个生活。她仿佛说道：“我犯了错误。但是当我发现过错时，我便改正它。”假使确是如此，她将是一种良好的典型：主动，在奋斗中充满勇气，改进自己的处境，并一直找寻着更好的生活方式。

在这些例子中，我们只是在训练一种推测的艺术。在断定我们的结论正确无误以前，我们必须多观察人格的许多其他表现。现在，让我们举几个实际的例子来说明：从人格的各种表现中，可以看出它的一贯性。

一个患有焦虑性社会病的35岁男人跑来找我。他只有在离开家时才觉得焦虑。他曾经几度勉强地找到职业，但是，只要一进办公室，他便终日呻吟，直到晚上回家和她母亲坐在一起时才停止。当要求他说出最早记忆时，他说："我记得 4 岁时，坐在家里靠近窗子边，看街上有许多人在工作，觉得很好玩。"原来他只想坐在窗子边看别人工作。他一直以为生活的唯一方法就是受别人资助，假如要改变他的情况，就必须改变他不能和别人一起工作的想法，甚至改变他的整个人生观。责备他是毫无用处的。我们也无法用医药或切除分泌腺来使他悔悟。他的最初记忆使我们较容易向他建议能使他感兴趣的工作。我们发现他患有高度近视，由于这个缺陷，他要非常集中精力才能看清东西。当他开始困惑于职业问题时，他总是继续在"看"，而不是在"工作"。但是，这两件事情并不是互相对立的。

当他痊愈后，他开了一间书廊。以此方式，他在我们劳动分工的社会中，也能奉献出自己的力量。

一个患有失语症的 32 岁男人，也来请求治疗。他除了嗫嚅作声外，说不出话来。有一天，他踩到了香蕉皮，不幸撞在计程车的玻璃窗上，随即持续了两天的呕吐。无疑他是患脑震荡了，但是脑震荡并不足以导致不能说话，因为他的喉咙部位未受到损伤。他完全说不出话达 8 星期之久。他把意外事件提请法院诉讼并把责任归咎于计程车司机，要求汽车公司赔偿。我们不难了解：假如他丧失了某种能力，他在诉讼中所占的地位将有利得多。也许他在意外事件的震惊之后，真正发现自己说话困难，我们不必说他意图欺骗，事实上他没有大声说话的必要。

这个病人曾经找过一位喉科专家，但是这位专家却找不出什么毛病。我们要求他说出最早记忆时，他说："我躺在摇篮里，来回晃荡。我仿佛看到挂钩脱掉了，摇篮掉下来，我也受了重伤。"没有人会喜欢跌跤的，这个人却过分强调摔跌。他的注意力都集中在跌跤的危险上，这是他的主要兴趣。“当我摔下来时，门打开了，妈妈惊慌失措地跑进来。”他用跌跤吸引了母亲的注意力，此外，这个记忆还是一种谴责——“她没有好好照顾我”。同样，计程车司机和汽车公司也都犯了类似错误。他们都对他照顾不周。这是一种被宠惯孩子的生活模式：他们总想让别人担负责任。

“5 岁时，我头上顶着一块木板，从 20 英尺的楼梯上摔下来。我有 5 分多钟说不出话来。”这个人对丧失语言能力是相当敏感的。他把摔跌当作是拒绝说话的原因。他对这种做法经验丰富，现在只要一摔跤，他便自然而然地说不出话来。如果要治愈他，必须要让他知道他犯了错误：在跌跤和丧失语言能力之间是没有关联的。同时，要让他看出在一次意外之后，他并不需要继续嗫嚅作声达两年之久。然而，在这个记忆中，还显现出他为什么难以了解这些事情的原因。“我的妈妈又冲了出去，”他继续说道，“看起来非常激动的样子。”在两次意外事件中，他的跌跤都吓坏了他的母亲，并吸引了她对他的注意。他是个想要被宠爱，想要成为别人注意中心的孩子。他要别人为他的不幸付出代价。其他被宠惯的孩子，如果发生了同样的意外，也会这样做的。只是他们可能不会拿语言失常作为工具而已。这是我们病人的特殊“商标”，它是他从经验中建立起来的生活模式的一部分。

一个抱怨找不到满意职业的 26 岁男人，曾经来找过我。8 年前，他的父亲把他安插入经纪行业中，但他一直不喜欢干这一行，最终他辞职了。他想去别处再找份工作，却一直没有成功。他抱怨不已，难以入眠，经常有自杀的念头。当他改弃经纪行业的工作后，他曾经离家在另一个城镇中，找到了一份工作，但是不久他听到母亲病重的消息，结果又回家和家人一起生活。

从他的经历中，我们发现他的母亲对他非常溺爱，而他的父亲却对他滥施权威。他的生活就是对他父亲威严的一种反抗。当我们问他在家庭中的排行时，他说他是“老幺”，而且是唯一的男孩。他有两个姐姐，最大的老是想管他，另一个也相差无几。他的父亲对他总是不断地吹毛求疵，因此，他深刻地感到：他的整个家庭都在压逼着他。只有母亲是他唯一的朋友。

他直到 14 岁才开始上学。之后，他被父亲送进农业学校，因为这样他才能在父亲计划要购买的农场上帮忙。这个孩子在学校里表现得相当优越，可是却下定决心不当农民。因此，他的父亲把他安插入经纪行业中。奇怪的是他竟然在这工作上熬了 8 年之久。他说：他能够这样做，完全是为了母亲的缘故。

童年时，他是懒散而胆小的，怕黑暗，怕孤单。当我们见到懒散的孩子时，我们总可以找到有某个人习惯于帮他收拾东西。当我们见到怕黑暗和怕孤单的孩子时，我们总可以找到某一个经常在注意他、抚慰他的人。对这个青年而言，这个人就是他的母亲。他不以为和人交友是简单的事，但是当他周旋于陌生人之间时，却也觉得相当自在。他没有恋爱过，对恋爱不感兴趣，而且也不想结婚。他认为他父母的婚姻是不美满的，这一点能够帮助我们了解他自己为什么不想结婚。

他的父亲仍然逼着他，要他继续从事经纪事业。他自己很想进入广告界工作，因为他相信他的家庭不会给他钱让他开拓事业。在这一点，我们能直接感觉到他行动的目的是在反抗他的父亲。当他从事经纪工作时，他已经能够自立，可是他却没有想要用自己的钱来学习广告工作。他只有现在才想起要以它作为对他父亲的新反抗。

他的最初记忆，很明显地暴露出一个被宠惯的孩子对严苛父亲的反抗。他记得他如何在他父亲的餐馆中工作。他喜欢擦洗碟子，并把它们从一张桌子搬到另一张桌子。他的做法惹火了父亲，父亲当着顾客的面，打了他一记耳光。他用这个早期记忆作为对他父亲敌意的证明，而他的整个生活也变成反抗父亲的一场游戏。他并没有工作的诚意。如果他能伤害父亲，他就完全满足了。

他自杀的念头也很容易解释。每个自杀案件都是一种谴责。想要自杀时，他的意思是说："我父亲的所作所为都是罪恶的。"他对职业的不满也都归咎于他的父亲。父亲每提出一项计划，做儿子的均表示反对，但是娇生惯养的他，却又无法独立开创自己的事业。他并不是真的想工作，他只想嬉游，可是他对母亲又存有合作之意，所以又像是想找工作一样。然而，他对父亲的抗争又如何解释他的失眠呢？

如果他睡不着觉，第二天他就没有精神工作。他的父亲等他去做事，他却疲倦得无法动弹。当然，他可以说："我不想做事，我也不要受压迫。"但是，他必须考虑他的母亲和他经济状况欠佳的家庭。假使他干脆拒绝工作，他的家庭会认为他无可救药而拒绝再资助他。他必须找个理由下台，结果他找到了这种表面看来似乎是无懈可击的毛病——失眠。

最初，他说他从未做过梦，可是后来他却想起了一个经常发生的梦。他梦见有个人往墙上掷球，而球总是弹开了，这似乎是个平凡无奇的梦。在这个梦和他的生活样式之间，我们能找到关联吗？我们问他："以后呢？当球弹开时，你觉得如何？"他告诉我们："每当它弹开时，我便醒了。”现在他已经揭开他失眠的秘密了。他利用这个梦作为吵醒他的闹钟。他想象每一个人都要推着他向前，强迫他做他不喜欢做的事情。他梦见某个人向墙上掷球，这时，他便醒过来了。结果第二天他便疲惫不堪，而当他觉得疲劳时，他便无心工作了。父亲急着要他工作，而他用这种隐晦的方法，便击败了父亲。假如我们只看他和父亲之间的战争，我们不难看出，他发明这种武器是相当聪明的。然而，他的生活模式不论对他自己或对别人都不是十分完美的，因此，我们必须设法改变他。

在我对他的梦进行解释后，他便不再做这个梦了，但是他告诉我，他仍然常常在半夜里醒来。他已经没有勇气再做这个梦，因为他知道人家会揭穿他的目的，他仍旧要使自己在第二天疲倦不堪。我们要怎么帮助他呢？唯一的方法是使他和父亲和解。只要他的兴趣仍然是惹怒并击垮父亲，他的问题便不可能好转。开始时，我依旧是惯例式地赞同病人的态度。“你父亲似乎是完全错了，”我说道，“他想要用他的权威，时时刻刻地支配着你，这种做法确实不太聪明。也许他自己也有问题，也应该接受治疗。可是你能怎么做呢？你不可能改变他。假若下雨了，你该怎么办？你只能打把雨伞或坐计程车，想要和雨反抗是没有用的。现在你正像竭尽所能地反抗雨一样。你相信你有力量。你相信你已经压过他了。但是你却让自己遭受到最深的伤害。”我指出他各种表现的一贯性——他对事业的犹疑不决；他的自杀念头；他的离家出走以及他的失眠。我还告诉他：在这些表现之间，他如何用惩罚自己的方法来报复父亲。

我还给他一个劝告：“今天晚上要睡觉的时候，你若一直担心随时都会醒过来，这样你明天就会很疲劳。你要想明天你累得不能工作时，你父亲怒火冲天的情形。”我要他面对事实。他的主要兴趣在于激怒并伤害他的父亲。如果我们无法制止这种争战，治疗便不生效用。他是个被宠坏的孩子，我们都能够看出这一点，现在他自己也明白了。

这种情形非常类似于所谓的“俄狄浦斯情结”。这个青年一心一意地想要伤害他的父亲，而又非常依附于他的母亲，可这却与性无关。他的母亲宠爱他，而他的父亲却毫无爱怜之意。他受过错误的训练，并对他所处的地位解释错误。遗传基因在他的烦恼中并未占有丝毫地位。他的烦恼并不是由杀死部落酋长的野蛮人的本能中繁衍出来，而是从他的经验中自己创造出来的。每一个孩子都可能培养出这种态度。我们只要给他一个像这个案例一样宠孩子的母亲和一个凶恶的父亲就可以了。如果这个孩子也反抗他的父亲，而无法独立地解决自己遭遇的问题，我们便可以了解他要采取这种生活模式是件多么简单的事。

第五章　梦

梦是人类心灵的一种很平常的活动。几乎每个人都会做梦，但是真正了解梦的人却很少。许多人对梦的意义一直感到迷惑不解，对做梦时自己到底在做些什么，或为什么会做梦等，仍然没有什么概念。据我所知，只有两种解释梦的理论是容易为人理解而合乎科学的。这两种声称要了解梦并解释梦的学派，是心理分析的弗洛伊德学派和个体心理学学派。在这两者之中，可能只有个体心理学者才敢说：个体心理学对梦的解释是完全合乎常理的。

梦与预见的无稽之谈

尽管以往解释梦的尝试欠科学，但是它们都值得加以注意。至少这种尝试说明了以前的人把梦当作是什么或对梦所采取的态度怎么样。因为梦是人类心灵创造活动的一部分，假如我们发现人们对梦有些什么期待，我们便可以相当准确地看出梦的目的。在我们的研究开始之时，我们便看到一个事实，大家似乎都把梦能预测未来，视为理所当然。人们常常以为，在梦里有某些精灵、鬼神或祖先会占住他们的心灵，并影响他们。在困难时，他们会借用梦来指点迷津。对梦见某一个人，将来运道如何，古代占梦的书都设法加以解释。原始民族则在梦中找寻预言和征兆。希腊人和埃及人到神庙去参拜，希望能得到一些神圣的梦来影响他们未来的生活。他们把这种梦当作是治疗的方法，能消除身体上或心灵上的痛苦。美洲的印第安人以斋戒、沐浴、行圣礼等非常繁冗的宗教仪式来引起梦，然后以他们对梦的解释作为行为的依据。在《旧约》中，梦一直被解释为未来事情的预兆。即使在今日，也有许多人坚持：他们做过的很多梦，后来都梦想成真。他们相信，他们在梦里会成为预言家，而梦则会运用某种方法，让他们进入未来的世界中，并预见以后会发生的事。

从科学的立场来看，这种观点自然是无稽之谈。从我开始想解开梦的问题的时候起，我便很清楚：做梦的人预见未来的能力，是比清醒而较能安全支配其官能的人差得远的。我们不难发现，梦不仅不会比日常思维来得理智而能预测未来，反倒是更为混乱而令人费解的东西。然而，我们对人类以为梦能够经由某种方法和未来发生联系的传统观念，却不能不加以注意。也许我们会发现，从某种观点看来，它并不是完全错误的。假如我们运用客观的态度来加以研讨，它可能提醒我们注意某些一向被忽视的重要之处。我们已经说过，人们曾经以为梦能够为他们的问题提出解决之道。我们可以说，这种人做梦的目的就是想要获得梦的指引。这和认为梦能预见未来的观点相差甚远。我们必须考虑，他寻求的是哪种问题的解决方法？他从其中又希望获得些什么？有一点仍然是非常明显的：梦中所提出的任何解决问题的方法，必然比清醒时考虑整个情境所获得的方法差。

弗洛伊德学派的解析

弗洛伊德学派提出梦具有可加以科学解释的意义的主张，这不能不说是一种真正的努力。然而，在许多方面，弗洛伊德的解释已把梦带出了科学的范围之外。例如，它假设在白天的心灵活动和夜晚的心灵活动之间，有一个间隙存在，“意识”和“潜意识”彼此互相对立，而梦则遵循着一些和日常思维法则迥然不同的定律。据此，我们会断定心灵有一种不合乎科学的态度。在原始民族和古代哲学家的思想中，我们常常会看到这种把概念弄成强烈对立，把它们当作相反事件来处理的例子。在精神病患者心目中，这种对立的态度表现得最明显。人们经常相信左和右是互相对立的，男女、冷热、光暗、强弱也是互相对立的。但是，从科学的立场看来，它们不是互相对立的事物，而是同一件东西的变异；同样，好和坏、常态和变态也都不是对立事物，而是同一物的变异。把睡态和清醒，做梦时的思想和白天的思想当作是对立事物的任何理论，都是不科学的。

弗洛伊德学派观点中的另一个难题，是把梦归之于性的背景。这也使得梦从人类通常的努力和活动中分离开来，如果这种看法正确，那么梦便不是表现整个人格的一种方法，它表现的只是人格的一部分而已。弗洛伊德发现用性来解释梦是有所不足的。他说，在梦里，我们还能发现一种求死的潜意识欲望。但弗洛伊德学派的名词却过于隐晦，它们根本无法让我们看出整个人格是如何表现在梦里面的。而且梦中的生活和白天的生活似乎又变成了壁垒分明的不同事物。不过，在弗洛伊德学派的概念中，我们也得到了许多有趣而且有价值的暗示。例如，梦本身并没有什么重要性，重要的是梦后面的潜伏思想。在个体心理学中，我们也获得了类似的结论。心理分析学派所忽视的是科学心理学的第一个要求——认清人格的一贯性和个人在其各种表现中的一致性。

这种缺点可以从弗洛伊德学派对解释梦的几个关键问题的回答中看出来。“梦的目的是什么？我们为什么要做梦？”心理分析学派的回答是：“为满足个人未经实现的愿望。”但是，这种观点并没有解释一切。假如一个梦是扑朔迷离的，假如做梦的人忘掉了它，或无法了解它，那么哪里还有满足可言？每一个人都会做梦，但是几乎没有人能了解自己的梦。这样，我们从梦里又能得到些什么快乐？假如梦里人生和白天的生活迥然不同，而梦所造成的满足仅仅是在梦中，我们也许就能了解梦对做梦者的用途了。但是这样一来，我们便丧失了人格的统一性，梦对清醒状态的人也就没有什么用了。从科学的观点看来，做梦时和清醒时的人都是同一个人，梦的目的也必须适用于这个一贯的人格上。然而，有一种类型的人，我们无法把他在梦中对满足希望的努力和他的整个人格联系起来。他们老是问：“我要怎样做才能获得满足？生活能给我什么东西？”“我为什么要爱我的邻居？我的邻居爱我么？”我们绝不能把它当作是他们全部人格的表现。而且，如果我们真正了解了梦的目的，它就能帮助我们看出令人费解的梦和被遗忘的梦的目的。

个体心理学的研究方法

大约在25年前，我开始研究梦的意义，它成了最令我困扰的问题。我们认为，梦并不是和清醒时的生活互相对立的，它必然和生活的其他动作和表现一致。假使我们在白天致力追求某种优越感目标，我们在晚上也会关心着同样的问题。每个人做梦时，都好像梦中有一个工作在等待他去完成一般，都好像他在梦中必须努力追求优越感一般。梦必定是生活模式的产品，也一定有助于生活模式的构造和加强。

有一个事实能够帮助我们澄清梦的目的。我们做梦，清晨醒来后，通常都把梦忘记，似乎不留一丝残痕。这是真的么？真的什么东西都没留下么？不是的。我们还留有梦所引起的许多感觉。梦中景象俱已消失，对梦的了解也不复存在，遗留下来的只有许多感觉。梦的目的必然是在于它们引起的感觉之中。梦只是引起这些感觉的一种方法，一种工具。梦的目的是它所留下来的感觉。一个人所造出的感觉必须和他的生活模式永远保持一致。梦中思想和白天思想之间的差异不是绝对的，这两者之间并没有明显的界限。用简单的话来说，其间的差异仅在于：做梦时，有较多的现实关系暂时被搁置了。然而，它并没有脱离现实。当我们睡觉时，我们仍和现实保持着接触。假如我们受到问题的困扰，我们的睡眠也会受到扰乱。睡觉时，我们能做出种种协调动作，以免摔下床来，这种现象可以证明和现实的联系仍然是存在的。尽管街上喧闹异常，母亲仍可以安然入睡，可是她的孩子稍有风吹草动，她便会马上醒过来。即使是在睡梦中，我们也和外在世界保持着接触。然而，在睡觉时，感官的知觉虽不是完全丧失，却已经减弱，而我们和现实的接触也较为松弛。当我们做梦时，我们是个人独处的。社会的要求不再紧紧地跟着我们。我们也不必一丝不苟地考虑周围的环境。

在轻松状态和解决了问题时，我们的睡眠才不会受到干扰。对平静睡眠的干扰之一是做梦。我们可以说，只有在还没有想出我们所面临问题的解决方法时，只有在睡眠中现实也不断压迫着我们，并向我们提出种种难题时，我们才会做梦。梦的工作就是应付我们面临的难题，并提供解决之道。现在，我们知道在睡眠时，我们的心灵是用什么方法来应付问题的。因为我们没有顾虑到整个情境，看起问题来便显得简单得多，而提出的解决之道对我们本身适应的要求非常之小。梦的目的是支持生活的模式，并引起适合生活模式的感觉。但是，生活模式为什么需要支持呢？有什么东西会侵袭它？能够攻击它的，只有现实和常识。因此，梦的目的就是支持生活模式抵制常识的要求。这给了我们一个有趣的灵感。如果一个人面临一个他不希望用常识来解决的问题，他便能够用梦所引起的感觉，来坚定他的态度。

这似乎和我们清醒时的生活互相矛盾，事实上，其间并无矛盾存在。我们可能引起和我们清醒时完全一致的感觉。假如有个人遇到了困难，但不希望用他的常识来对付它，而只想继续应用他不合时宜的生活模式，那么他会找出各种理由来维护他的生活模式，使它显得似乎已足以应付问题一般。假若他的目标是不劳而获地赚钱，他不想工作，不想努力，也不想对别人有贡献，那么赌博对他而言，便是一种机会。他知道有许多人因赌博而倾家荡产，可是他仍希望悠闲度日，仍希望侥幸致富。他会怎么做呢？他会满脑子都是对金钱的欲望，在幻想中为自己勾绘出一幅暴富后的景象：买汽车，过奢华的生活，受众人恭维。同样的事情也会发生在更为平常的情况中。当我们在工作的时候，假如有人告诉我们他看过的一场很好的戏剧，我们会停下工作来，到戏院去。当一个人陷入爱河时，他会为自己的未来描绘出一幅景象。假如他真正喜爱对方，描绘出的景象必然是愉悦的，反之，如果他感到悲观，未来的景象一定会沾染上灰暗的色彩。但是，无论如何，他总会激发起自己的感觉，而我们也能从他所引起感觉的类别，来分辨他是哪一种人。

梦是常识的敌人。如果梦醒之后，除了感觉以外，什么也没有留下，它对常识会有什么影响呢？我们很可能发现有些不愿意被他们的感觉所欺骗的人，他们宁可依照科学的方法做事。这种人很少做梦或根本不会做梦。其他的人大都喜欢背离常理，他们不愿意用正常而有用的方法来解决他们的问题。常理是合作的一面，合作素养欠佳的人都不会喜欢常理。这种人会频频做梦。他们怕自己的生活模式会受到抨击，他们希望避开现实的挑战。我们可以获得如下的结论：梦是想在个人的生活模式和他当前的问题之间建立起联系，而又不愿意对生活模式作新要求的一种企图。生活的样式是梦的主宰，它必定会引起个人所需要的感觉。我们在梦里发现的每一件东西，都可以在这个人的其他病症中发现。无论我们做梦与否，都会以同样的方式来应付问题，但是梦却对我们的生活模式提供了一种支持和维护。

如果这种观点正确，我们在了解梦的过程中，便已经走出了最新而且最重要的第一步。在梦里，我们欺骗着自己，每一个梦都是自我陶醉，自我催眠。它的全部目的就是引起一种让我们准备应付某种问题的心境。在其中，我们会看到个人日常生活完全相同的人格。此外，我们还会看到他在心灵的工作中，仿佛正准备着他将在白天运用的各种感觉。例如我们的说法没有错，那么在梦的结构中，或在运用的方法中，我们都会自我欺骗。

事实上，我们发现了什么呢？首先，我们发现了某种对梦中景象、事件、意外事故的选择。以前，我们也提过这种选择。当一个人回顾自己的过去时，他即是把他经历过的景象和事故重新加以整编。我们说过，他的选择是顺着自己意思的，他从记忆中选出的，只是能够支持他优越感目标的事件。同样，在梦的构成中，我们也只选出和生活模式完全一致，而当面临问题时，又能表现出生活模式的要求的事件。这种选择只不过是生活模式和我们遇到的困难发生关系后所得的结果而已。在梦中，我们的生活模式要求独断独行。要应付现实的困难，必须借助于常识，但是生活模式却坚持不让步。

梦是由哪些材料构成的？从古至今人们一直对这个问题很感兴趣。当代的弗洛伊德强调：梦主要是由隐喻和符号构造而成的。正如一位心理学家所言："在我们的梦里我们都是诗人。"然而，梦为什么不用简单干脆的语言，而要用隐喻和符号来表达？假如我们不用隐喻和符号，而坦率地说出，我们便无法避开常识。隐喻和符号可以是荒谬无稽的，它们能把不同的意义联结起来，它们也能够同时说出两件东西，而其中之一很可能是虚假的，从其中也可以获得不合逻辑的结论。它们被用以引起感觉，而且我们在日常生活中又常会发现它。当我们想纠正别人时，我们会说："别孩子气了！""干吗哭呢？难道你是女人吗？"当我们引用比喻时，不相干的东西，只能诉诸感情的东西都会混进来。当一个彪形大汉冲着一个小个子生气时，他可能会说："他是一条毛毛虫。他只配在地下爬。"用这种比喻，轻而易举地表达了他愤怒的情感。

隐喻是相当美妙的语言工具，但是运用它们时，我们却难免要欺骗自己。当荷马（Homer）描写希腊的军队像雄狮一样地纵横于战场上时，他便给了我们一种夸大其词的影响。你认为他真的想，详细描写那些疲乏、肮脏的兵士是怎样在战场上爬行的？不会的，他要我们把他们想象成雄狮。我们知道他们并不是真正的狮子，但是如果这些诗人描写他们如何气喘吁吁，汗流浃背，他们如何停下来重振士气或躲避危险，他们的甲胄又是如何破旧等等鸡毛蒜皮的细枝末节，我们便不会如此地深受感动。动作比喻是为了美，为了想象和幻想。然而，我们却必须注意：对一个生活模式有误的人而言，运用隐喻和符号永远是件危险的事。

一个学生面临着一场即将到来的考试。这个问题非常单纯，他必须鼓起勇气，全力以赴。但是，假如他的生活模式使他想临阵脱逃，他可能梦见自己正在打一场战争。他把这个单纯的问题用相当复杂的隐喻描绘出来，然后他便有充分理由可以害怕了。或者，他会梦到自己正站在悬崖边缘，如果不向后退缩，便有摔得粉身碎骨的可能。他必须创造出某种心境来帮他躲开考试，因此他便用悬崖来比拟考试，以期望自己能够逃脱。在这个例子中，我们还发现了在梦中经常使用的另一种方法，这就是把一个问题拿来，加以提炼，直至只剩下原来的问题的一部分，然后用隐喻的方式把剩余部分表现出来，并把它当作原来问题来处理。例如，有一个学生可能比较勇敢而有远见，他希望能完成工作，并通过考试。然而，他仍然希望能获得支持，希望能重新肯定自己——他的生活模式要求这些东西。考试前的一个晚上，他梦见自己站在山顶上，他所处情境的这幅景象是非常简单的。他全部的生活环境只有很小的一部分表现出来。对他而言，他的问题是非常重大的，但是它的许多方面都被排除掉了，便集中精力于成功之上，这样，他便激起了有益于他的感觉。次日清晨，他起床时觉得精力充沛，心情愉快，勇气更胜往昔。在减轻他必须面临的困难方面，他已经成功了。可是，尽管他重新肯定了自己，事实上，他仍然是欺骗了自己，他不是按照常理全心全意地面对整个问题，仅仅是引起了一种自信的心境而已。

这种心境的引起是非常平静的。一个人要跳过小溪流之前，可能要先数一、二、三。难道数一、二、三真的是这么重要吗？在跳过溪流和数一、二、三之间是否真存在必要的关系？不是的。它们一点关系也没有。他数一、二、三，只不过是要引起他的心境，并集中他的力量而已。在人类的心灵中，已经预存有执行生活模式，并使之固定和加强的各种方法，最重要的方法之一就是激发心境的能力。

让我举个例子说明用梦来欺骗自己的方法。战争期间，我是一所治疗战场恐惧症的医院的院长。当我看到无法作战的士兵时，我总是尽可能地让他们做简单的工作，设法让他们轻松。他们的紧张很明显地消失了，这种方法是相当成功的。有一天，一个士兵来找我，他是我所看过体格最健壮者之一，但他却显得非常沮丧。当我检查他的时候，我拿不定主意该对他采取何种措施。当然，我是希望把每一个来看我的士兵都送回家，但是我开的诊断书，全部要通过一位高级军官的认可，因此，我的慈悲也就无法任意施舍了。要在这个士兵的病例中作决定，并不是容易的事，最后我终于说："你患了神经官能症，但身体却很健康，我会让你做轻松的工作，这样你就不必上前线了。"

这个士兵可怜兮兮地说："我是个穷教师，我要靠教书来养活年迈的父母。如果我不能教书，他们就要挨饿，我不养他们，他们就要饿死了。"当时，我想我应该帮他找个更轻松的工作，准备送到军事机关中做事。但是，我生怕我开的诊断书如果真的这样写，那位高级军官一定会冒火，再把他送上前线。结果，我决定尽自己所能地照实填写。我证明他只适合防卫性的工作。当我晚上回家睡觉时，我便做了一个噩梦。我梦见我是个凶手，一面在黑暗的狭巷中奔跑，一面在想我到底杀了谁。我记不起是谁，但是我觉得："我犯了谋杀罪，我完了。我的生命已经完了。什么事情都完蛋了!"所以，在梦中，我呆若木鸡，直冒冷汗。

醒来后，我的第一个念头是："我杀了谁?"我马上便想起："假如我不把那个年轻士兵安置在军事机关中服务，他可能会被送上前线而阵亡，那么我就成了凶手。"你可看到我如何激起一种心境来欺骗我自己。我不是凶手，如果这种不幸真的发生了，我也没有罪，但是，我的生活模式却不容许我冒这个险。我是医生，我的责任是挽救生命。我再度想起，假使我给他一份轻松的工作，那位军官可能送他上前线，这样会把情况搞得更糟。我终于拿定主意，假若我要帮助他，唯一该做的事情就是遵从常识的判断，并且不扰乱我的生活模式。因此，我还是证实了他只适合防卫工作。后来的事情证明了遵从常识总是上策。那位军官看了我开的诊断书后，把它往桌上一扔，我想："现在他要送他上前线了。到底我是应该写明派他到机关中工作的。"但是，他却批示道："军事机关服务6个月。"最后，我才明白：原来那位军官受了贿赂，有意要调他到轻松的单位。那个年轻人从来没教过书，他说的也没有一句实话。他编那个故事，只是要让我证明他只能做轻松工作，以便那位军官能在我开的诊断书上下批示。从那天起，我再也不轻易受梦的左右了。

梦的目的是在欺骗我们自己，使我们自我陶醉。上面这件事情能说明梦为什么那么难以了解。如果我们了解了梦，梦便不能欺骗我们并影响我们的心境和情绪。我们将宁可按照常识来应付问题，不愿再接受梦的启示，假如梦都被了解了，它们的目的也就失掉了。梦是当前现实问题和生活模式之间的桥梁。本来生活模式应该是不需要再加强的，它应该和现实直接接触。梦的形式多种多样，并且每一种梦境都可以揭示出我们在面对某种情境时需要强化人生的哪一方面。因此，对于梦的解释都是属于个人的。我们不可能用一般的公式来解释符号和隐喻，因为梦是生活模式的产品，是从个人对他所处特殊情境的解释中得来的。本文中，当我大略地描述几种典型的梦时，我无意提出解释梦的秘诀，我只是想利用它来帮助我们了解梦和它的意义而已。

有许多人做过飞翔的梦。这种梦的关键，和其他的一样，在于它们所引起的感觉。梦幻给人留下了一种轻快和充满勇气的心境。梦把克服困难及对优越感目标的追求视为轻而易举之事。因此，梦还能让我们推测出做梦的是一个勇敢的人，他高瞻远瞩，雄心勃勃，即使在睡眠中，也不愿放下他的野心。它们包含了一个问题“我是否应该继续向前”，答案是“我的前途必定是一往无前的”。

很少有人没有做过由高处摔下的梦。这是非常值得加以注意的。它表示这个人的心灵保守并担心遭受到失败，而不是全心全意要克服困难。当我们记起，我们传统的教育就是警告孩子，要他们保护自己时，这种梦便很容易了解了。孩子们经常受到告诫：“不要爬上椅子！不要动剪刀！不要玩火！”他们总是被包围在这种虚构的危险之中。当然，有些危险是真实的，但是把一个人弄得胆小如鼠，是不能帮助他应付危险的。

当人们经常梦见自己不能动弹或赶不上火车时，它的意思通常是：“如果我们自己不费丝毫力量，这个问题便能安然度过，那我一定很高兴。我必须绕道而行。我必须迟到。免得再看到这个问题。我要等火车开走。”

有许多人梦见过参加考试。有时，他们会很惊讶地发现：他们年纪这么大竟然还要参加考试，或他们很久以前便已经通过的一门科目，现在又考试通过了。对某些人，这种梦的意义是：“你还没有准备好要面临即将到来的问题。”对另一些人，它可能意指：“你以前曾经通过这种考试，现在你也必须通过你眼前的这场考验！”一个人的符号和另一个人符号绝对不会相同。关于梦，我们必须首先考虑的是它遗留下来的心境，以及它和整个生活模式之间的关系。

有一位32岁的精神病患者曾经来找我，要求治疗。她在家中排行第二，而且也像大多数次女一样充满野心。她总是希望自己得到第一，并力求尽善尽美解决自己的所有问题。她爱上了一个年纪比她大很多的已婚男人，她希望和他结婚，但是他又无法和原配夫人离婚。后来，她梦见：当她住在乡下的时候，有一个男人向她租公寓，他搬进来后不久便结婚了。他不会赚钱，也不是个正直或勤奋的人。由于他付不起房租，她只好逼他迁出。由此，我们便能看出这个梦和她所处的环境有某种关联。她正在考虑着她是否要跟一个事业失败的人结婚。她的情人很穷，而且无法资助她。更能增添她担忧的事是：他曾经请她吃晚餐，但却没有足够的钱付账。这个梦的效果是引起反对结婚的心境。她是个野心勃勃的女人，她不希望和一个穷男人联系在一起。她用了一个比喻来问她自己：“如果他租了我的公寓，而付不起房租，对这样的房客，我该怎么办？”回答是：“他必须马上离开。”

然而，这个已婚男人并不是她的房客，他们可能无法互相比拟。不能供养家庭的丈夫和付不起房租的房客也不完全相同。可是为了要解决她的问题，为了要更安稳地遵行她的生活模式，她给了自己一种感觉："我不能和他结婚。"用如上方法，她避免以常识的方式来处理这个问题，同时，她把爱情和婚姻的整个问题缩小到似乎它们能够表现在这个隐喻中："一个男人租了我的公寓，如果他付不起钱，他就要滚蛋。"

由于个体心理学的治疗技术始终指向增加个人在应对生活问题时的勇气，我们不难了解：在治疗的过程中，梦会发生改变，而显露自信的态度。一个忧郁症患者在痊愈前所做的最后一个梦是："我一个人独自坐在板凳上。突然暴风雨来了，我急忙跑进我丈夫的屋子里去，因此，我很幸运地避开了。然后我帮着他在报纸的广告栏中找寻适当的职位。"这位病人自己也能够解释这个梦。它很明显地表现出她和丈夫言归于好的感觉。起先，她很恨他，尖刻地指责他的软弱，挑剔他的毛病。这个梦的意义是："和我的丈夫在一起，比我单独一个人承担风险来得好。"虽然我们也许会同意这个病人的看法，可是她对自己迁就于丈夫和婚姻的方式，仍然隐隐透露怨愤的情绪。她过分强调了单独生活的危险，而且也还不能勇敢而独立地和丈夫合作。

一个 10 岁的男孩子被带到我的诊所来，他的老师批评他用恶作剧的手段陷害其他同学。他在学校里偷了东西，放在其他孩子的抽屉里，害得他们受到处罚。这种行为只有在一个孩子觉得有让别人低于自己水准的需要时，才可能发生。他要羞辱他们，证明他们是卑鄙下流的，如果他的想法确是如此，我们可以猜测：这必然是在家庭圈子中训练出来的，他的家中必定有某个人是他希望加以压制的。当他 10 岁的时候，他曾经向街上的一位孕妇扔掷石头，惹了麻烦。他可能在 10 岁便已经知道了怀孕是怎么一回事了。我们还能推测：他可能不喜欢怀孕。我们难免要猜想：是否有小弟弟或小妹妹的降生使他觉得不开心？在教师的报告上，他被称为“害群之马”，他捣蛋，替同学们取外号，打小报告。他追赶小女孩，甚至打她们。现在我们大致可以猜测：他有一个和他互相竞争的妹妹。

后来，我们得知：他是两个孩子中的老大，有一个 4 岁的妹妹。他的母亲说：他很喜欢他的妹妹，而且一直对她很好。我们很难相信这样的男孩子会喜欢他的妹妹。他的母亲说，她和她的丈夫之间的关系是很理想的。可是这个孩子却如此糟糕，这真令人遗憾。我们常可以发现这样一个事实：父母优秀，孩子混蛋。教师、心理学家、律师和法官都是这种不幸的见证人。事实上，“理想”的婚姻对小孩子而言，可能是非常刺眼之事。假使他看到妈妈向爸爸献殷勤，他可能会觉得十分恼火。他要独占他母亲的精力，他不喜欢她对其他任何人有情感的表示。假如美满的婚姻对孩子不好，而不完美的婚姻对孩子更糟，那么我们该怎么办呢？我们必须使孩子和前者合作，我们必须把他真正的带入家庭关系中。我们应该避免让他只依附于双亲之一。我们考虑这个孩子可能是个被宠坏的孩子，他要吸引母亲的注意力，当他觉得自己受到的关怀不够时，他便学会惹麻烦来达到他的目的。

我们的猜想马上被证实了。这位母亲自己从来不责罚这个孩子，她总是等丈夫回来处罚他。她觉得只有男人才配发号施令，只有男人才有力量处罚别人，或者她希望这个孩子依附着她。无论如何，她把孩子训练得对父亲没兴趣，不愿和他合作，并且经常和他发生摩擦。我们还听说，他的父亲虽然全心全力地照顾着家庭，但是由于这个孩子，他在一天工作结束之后，总是不想回家。他很严厉地责罚他，并常常鞭打他。据说，这个孩子并没有因此而憎恨他的父亲。这个孩子并不是低能儿童。他已经学会要怎样巧妙隐藏起他的情感。

他喜欢他的妹妹，但是并不和她一起好好玩，他时常打她耳光和踢她。他睡在餐厅的沙发上，他的妹妹则睡在父母房间中的一张小床上。现在，假使我们设身处地替这个孩子着想，假使我们的心情和他一样，父母房间中的那张小床也会使我们感到难过。他要引起母亲的注意，可是在晚上他的妹妹却和母亲靠得这么近。他必须设法让母亲亲近自己。这个孩子的健康情形非常良好。他出生时很顺利，哺食母奶达 7 个月。当他初次改用奶瓶时，他呕吐了。以后，他的呕吐断断续续发生，直到 3 岁。大概他的肠胃不大好。目前他饮食正常，营养也相当良好，但他把肠胃当作是自己的弱点。现在，我们可以了解他为什么要向孕妇扔石头了。他对于饮食非常挑剔，他不喜欢家里的餐饭，也只有他的母亲给他钱，让他到外面买自己喜欢吃的东西。然而，他还是对邻居们到处宣扬：他的父母没有给他足够的东西吃。这一类的把戏他已经演练多次了。他恢复优越感的方法就是诋毁别人。

现在，我们已经可以了解：他到诊所来时所说的一个梦了。“我是西部的牛仔。”他说，“他们把我送到墨西哥，我必须自己杀出一条血路回美国，有一个墨西哥人想来阻拦，我就在他肚皮上踢了一脚。”这个梦的意义是：“我被敌人四处包围，但我必须努力奋战。”在美国，牛仔被当作英雄人物一样地崇拜，他以为追赶小女孩或踢别人的肚皮就是英雄的表现。我们已经看到，肚子在他的生活中，扮演了重要的角色，他把它当作容易受伤的部位，他自己曾经受到肠胃不良之苦，而他的父亲也患有神经性胃病，常常在抱怨胃不舒服。在这个家庭中，胃已经被升至最重要的地位了。

这个孩子的生活目标是攻击别人的弱点。他的梦和他的动作都丝毫不差地表现出同样的生活模式。他生活在梦里面，如果我们无法弄醒他，他会继续用同样的方式生活下去。他将不仅和父亲、妹妹、小男孩、小女孩发生争斗，还会向想阻止他作这种争斗的医师宣战。他梦想式的行动会刺激他继续设法成为英雄，征服别人，除非他认识到这是自己欺骗自己。此外，便没有哪种治疗方法能帮助他。

在诊所里，我们向他解释了他的梦。他觉得自己生活在敌国里，每一个想惩罚他并把他带回墨西哥的人，都是他的敌人。下一次，他再到诊所来时，我们问他："从上次我们见面以后，发生了什么事没有？""我做了坏孩子。"他回答道。"你做什么事了？""我追赶了一个小女孩。"这种说法不仅是坦白，也是一种夸口，一种攻击。他知道，这里是医院，这些人想改变他，所以他坚持他仍然是坏孩子。他似乎在说："别想改变我，我会踢你的肚皮！"我们该拿他怎么办呢？他仍然做梦，仍然扮演着英雄。我们必须先消除他由这个角色所获得的满足感。"你难道相信，"我们问他，"英雄真的只会追小女孩吗？这种英雄作风岂不是太蹩脚了？如果你要当英雄，你就该去追大女孩子！要不然你就根本不要追赶女孩！"这是治疗的一方面。我们必须让他认识清楚，不要再急着想继续这种自讨苦吃的生活模式，以免将来后患无穷。另一方面鼓励合作，让他发现生活中有用一面的重要性。

一个从事秘书工作的24岁女孩子，抱怨她老板那种欺软怕硬的作风，她还觉得无法与人交友或保持友情。经验使我们相信，一个人如果无法与人交友，很可能是因为他希望驾驭别人。事实上，她只对自己有兴趣，她的目标在于表现她个人的优越感。她的老板可能也是这种人。他们俩都想指挥别人。两个这样的人碰在一起，公司的效益是注定要产生问题的。这个女孩子是家中7个孩子里年龄最小的，也是家里的宠儿。她外号叫“汤姆”，因为她一直想当男孩。这更增加了我们的怀疑。她是否以驾驭别人作为她的优越感目标？她可能以为只要变成男性，就能够主宰别人，或控制别人，而且自己不受别人控制。她很美丽，她认为别人喜欢她，是因为她有一副甜美的面孔，所以她一直很怕脸受到伤害。在我们的时代，美丽的女孩容易给人留下深刻的印象，也容易控制别人，这个事实她也知之甚详。然而，她希望当男孩子，并用男性化的方式来驾驭别人，结果她也不会因美丽而感到得意。

她的最早记忆是被一个男人惊吓过。她承认，现在她仍然很怕受到强盗或疯子的袭击。一个想要成为男性的女孩子，竟然会怕强盗和疯子，这件事似乎很奇怪，但是，事实上这并没什么奇怪的。她希望生活在一个她能够随意控制的环境里，对于其他的环境则要尽量避开。强盗和疯子是她无法控制的，因此她希望他们能彻底消失。她希望不费吹灰之力地变成男性，假使失败了，便装聋作哑，视若无睹。由于对女性角色的深刻不满，在她的“男性宣言”中，存有浓厚的火药味道——“我是男人，我要击垮身为女人的种种不利！”

让我们看看，在她的梦中，是否也能看到同样感觉的迹象。她经常梦见自己一个人独处。她是个被宠惯的孩子。她的梦意指：“我必须受人照顾。让我孤零零一个人是很不安全的。别人会欺负我、攻击我。”另外一个她常常做的梦是她的脉搏停止了。她的意思是说：“小心！你有失掉东西的危险！”她不愿意自己失掉任何东西，她尤其不愿意失掉控制别人的力量，可是她只选了生活中的一件东西——脉搏停止来代表这整个事情。这个例子还可以说明，梦如何创造出感觉来加强生活的模式。她的脉搏并没有停止，但是她梦见它停止了，这种感觉便留下来了。她还有一个比较长的梦，更能帮我们看清她的态度。“我到一个游泳池去游泳，那里有许多人，”她说，“有些人注意到我站在他的头顶上。我感到有人尖叫出声，并紧盯着我。我摇摇欲坠，似乎有摔下来的危险。”假如我是个雕刻师，我就会这样地刻绘她：站在别人头上，把别人当作踏板。这是她的生活模式，也是她喜欢引起的感觉。然而，她发现自己的地位并不安稳，她以为别人也会体会到她的危险，他们应当小心地看顾着她，这样她才能继续站在他们头上。在水中游泳时，她是很不安全的。这是她生活的全部故事。她已经固定下她的目标：“尽管我是女孩子，我还要当男人！”她像大部分男孩子一样的野心勃勃，但是她要的是表面上的优越，而不是要使自己获得适当的处境，而且她也始终生活在恐惧和失败的威胁之下。如果我们要帮助她，我们应该找出方法来使她安分守己地扮演女性的角色，消除她对异性的恐惧和高估其价值，并以平等而友善的态度对待其友伴。

另外一个女孩子，当她 13 岁时，她的弟弟在一次意外事件中死了。她说她的最早记忆是：“我弟弟开始学走路的时候，他攀着一张椅子想站好，椅子倒了，压在他身上。”我们可以看出，她深深感到这个世界中的种种危险。“我最常做的梦，”她说，“是非常奇怪的，我单独一个人在街上走着，街上有一个我看不见的大洞，往前走时，我便掉进洞里，洞里充满了水，一碰到水，我就打个冷战，醒过来，心脏跳得好厉害。”我们会发现这并不是她所想象的那么奇怪，但是假如她继续受到这种梦的惊吓，她必定会依旧以为它是神秘难解的。这个梦告诉她：“小心！你有许多你所不知道的危险！”然而，它的意思还不止于此。假如你的地位卑微，你就不可能再摔下来。如果她有摔下来的危险，她一定觉得自己高人一等。因此，在这个事例里，她似乎还说："我超于别人之上，但是我必须小心，以免跌下来！"

在另一个例子中，我们讨论一下同样的生活模式是否会在最初记忆和梦中发生作用。有个女孩子告诉我们："我很喜欢看人家建造房子。"我们猜测她是很具有合作精神的。一个小女孩子当然不能参加造房子的工作，但是从她的兴趣中，可以看出她喜欢分担别人的工作。"那时，我是个小娃娃，站在一扇很高的玻璃窗前，那些玻璃方格，仍然像昨天见过一样的历历在目。"如果她注意到窗子很高，她在心中必然已经有高和矮的对比关系。她的意思是："窗子很大，而我很小。"事实正如我所料：她的个子很小，所以她才会对大小的比较这么感兴趣。她说她这么清楚地记得这件事，也是一种夸口而已。

现在，让我们讨论她的梦："我跟好几个人一起坐在一辆汽车里。"正如我们想象的，她很具有合作精神，喜欢和别人在一起。"我们开车疾驶，一直开到丛林前面才停下来。大家都下车，跑进树林里面去。他们大多长得比我高大，"她又再次注意到大小之别，"但是我却要他们赶去搭乘电梯，它开进了一个10尺深的矿坑里面。我们想，如果我们走进去，我们一定会中毒。"大部分的人都会畏惧某种危险，人类并不是十分勇敢的。"后来，我们很安全的出去了。"你可以看到这种乐观的态度。一个人如果是合作的，他必须也是勇敢、乐观的。"我们在那里逗留了几分钟，然后再上来，很快地跑向汽车。"我相信：这个女孩子始终是乐于合作的，并且她希望自己长得再高大一点。我们可能发现她有某种紧张，例如要踮起脚尖走路等等。但是她对别人的喜好和对共同成就的兴趣，却已经足以使之荡然无存了。

第六章　家庭的影响

母亲的作用

从降生之时起，婴孩就想要把自己和母亲联系在一起。这种联系不仅非常密切，而且影响深远，在以后的岁月里，我们就无法指出他的哪些性格纯粹是出自遗传的效果。每一种可能是遗传的基因，都已经被她的母亲修正、训练、教育，而改头换面。她的教子办法成功与否，直接影响了孩子的所有潜能的发展。所谓母亲的技巧，我们指的是她和孩子合作的能力，以及她使孩子和她合作的能力。这种能力是无法用教条来传授的。每天都会产生新的情境，其中有千万点都需要她应用她对孩子的领悟和了解。她只有真正关心孩子，而且一心一意要赢取他的情感，并保护他的利益时，才会有这种技巧。

在母亲的各种活动中，我们都能看出她的态度。每当她抱起她的孩子四处走动，对他喃喃细语，替他洗浴，或喂他食物时，她都有使自己和她发生联系的机会。如果她对自己的办法掌握得不够，或对他们缺乏兴趣，她势必会做出粗野的举动，引起孩子的反感。如果她没有学会怎样帮孩子洗浴，他会感到洗澡是件不愉快的事情，不但不和她产生亲密的联系，反倒会设法逃避她。她哄孩子睡觉的方式，她的一举一动，她的一颦一笑，都必须非常巧妙，她照顾他或让他独处的技巧，也必须恰到好处。她必须顾及他的整个环境——新鲜的空气，空间的温度，营养的状况，睡眠的时间，身体的习惯，以及整洁卫生等等。在每个小地方，她都供给孩子一个喜欢她或讨厌她、愿意合作或拒绝合作的机会。

在母亲的技巧之中，并没有什么神秘的力量。所有的技巧都是长期训练和培养兴趣的结果。母亲的准备在生命的早期便已开始了。从一个女孩子对比她年幼孩子的态度，以及她对婴儿和她未来工作的兴趣，便可以看出她的母性。对男孩和女孩都施予同样教育，让他们以为将来他们要从事完全相同的工作，这种教育方法并不可取。假如我们希望培养出很有技巧的母亲，我们必须教育女孩子了解为母之道，让她们喜欢当母亲，把母亲的工作视为是一种创造性的工作，而且在以后的生活里，当面临自己所要扮演的角色时，不会感到失望。

很不幸，在我们的文化中，具为母之道的女性却被视为是微不足道的价值。假如人们重男轻女，假如男性的角色占有较优越的地位，女孩子会自然而然地不喜欢她们未来的工作。没有人甘居臣属的地位。这样的女孩子结了婚，即将拥有自己子女的时候，会以各式各样的方式来抗拒。她们不愿意、也不准备养孩子，不期望孩子的到来，也不觉得养育孩子是件有趣的创造性活动。这可能是我们最大的社会问题，可是，却很少有人正视它。人类的整个社会都维系于女性对成为母亲的态度。然而，几乎在每一个地方，女性在生活中的地位都被低估，而且被认为是次要的。即使在童年时期，男孩子们也常常把家务事看作是仆役的工作，似乎他们的尊严不容许他们插手帮助家务。人们经常都不把整理家务当作是女性的一大贡献，而视为之贬抑女性的一种苦差。如果女人真正能够把家务看作是一种艺术，她从中能获得乐趣并充实生活，她就能够使家务成为比世界上任何其他职业都不逊色的工作。反过来说，假如人们把它当作是男人不做的下贱工作，那么女人必定会抗拒她们的工作，并设法证明男女是平等的（其实这是很明显的事实，根本无需证明），她们应该被赋予发展她们潜能的机会。潜能必须经由社会感才能够发展出来，社会感会将它们导向正途，使它们在发展时，不会受到外来的限制。

只要女性的地位受到歧视，整个婚姻生活的和谐必然会受到破坏。把孩子照顾看作是一种低下的工作的女人，绝对无法学会要给予孩子一个好的开始所需要的技巧、关心、了解和同情。对自己的女性角色不满意的女人，她生活的目标会阻止她和自己的孩子的交往，她的目标和孩子们的目标并不一致，她经常念念不忘要证明她个人的优越，为了达成这个目标，孩子们便成了累赘。如果我们追究在生活中失败者的许多事例，几乎都会发现这样一个事实，即对待孩子，所有的母亲都没有适当地尽到责任，她没有给孩子好的开始。假如母亲们都失败了，假如她们都不满意她们的工作，对孩子也毫无兴趣，那么人类将陷于危险之地。

然而，我们却不能认为母亲是制造失败的罪魁。她们没有罪，也许母亲本身也没有得到他人关于合作之道的教导，或许她的婚姻生活极不美满，或许形形色色的阻力影响了家庭的生活。假如母亲病了，她可能希望和孩子们合作，但是却心有余而力不足。假如她到外面上班，当她回家时，可能已经精疲力竭。假如经济状况欠佳，供给孩子们的食物、衣着、居处，都可能因陋就简。还有，决定孩子行为的，不是她的经验而是她从经验中获得的结论。当我们在研究问题少年的自述时，我们能够看到他和母亲的关系中有困难存在，但是在品行良好的儿童之中，我们也能够看到同样的困难。在此，我们应该回顾个体心理学的基本观点。性格的发育并没有什么理由可谈，可是儿童为了自己的目的，却会利用他们的经验，来作为理由。我们无法确切地说，营养不良的儿童一定会变成罪犯，我们只能从他的经历中获得他拥有的人生观。

假如一个女人对她身为女性的角色感到不满，那么她会招致许多困难。许多研究结果表明，母亲保护儿女的本能，比其他任何一种意识都要来得强烈。在动物中（例如在老鼠和猿猴之间），母性的驱动力已经被证实较性或饥饿的驱动力更强。如果它必须在上述几种驱动力之中选择一种，占最大优势的必定是母性的驱动力。这种力量的基础并不是性，它出自合作的目标。母亲常常觉得她的孩子是她自身的一部分。由于她的孩子，她才和生活的整体紧密联系，她才觉得自己是生与死的主宰。在每位母亲的身上，我们多多少少都可以发现一种感觉：因为她有了孩子而完成了一生中最伟大的一件创作。我们几乎可以说，她觉得她是像上帝一样，从一无所有中创造出生命。事实上，对母性的追求就是人类对优越地位（成为神圣的目标）追求的一种表现。这让我们明了，为了人类的缘故，我们如何以最深刻的社会感觉，把优越感目标应用于对别人的兴趣上。

母亲当然可能把孩子是她自身一部分的感觉加以夸大，并强迫性地利用他来达成她的优越感目标。她可能设法让孩子完全依赖她，并控制他，使他永远逗留在她的身边。让我举一个 70 岁农妇的个案为例。她的儿子在 50 岁仍然和她住在一起，而且他们两人都同时患了急性肺炎。母亲安然度过危险期，儿子送到医院后却死掉了。当母亲知道儿子的死讯后，她说道："我早就知道我没法把这个孩子带大的。"她觉得她应该负责她孩子的一辈子。她从来没打算要使他成为社会生活的一部分。当一个母亲没有设法扩展她孩子和别人的联系，并教导他和环境中的其他人平等地合作时，她是犯了多么严重的错误！

母亲和外界的种种关系并不是很简单的，她和孩子联系不应该过分强调。不管是为了母亲，或是为了孩子，这一点都必须特别加以注意。过分强调一个问题，其他的问题都会受到忽视。即使我们遇到的是一个简单的问题，如果我们稍稍加以重视，也会应付得比完全漫不经心来得好。和母亲发生关联的，有她的孩子，她的丈夫，以及围绕着她的整个社会生活。这三种联系必须给予同等的注意，她必须凭借常识，冷静地面对这三者。假如母亲只考虑她和孩子们的联系，她难免要宠坏他们而很难使他们发展出独立性以及和别人合作的能力。在她使孩子和她自己成功地联系上后，她的第二个工作是把他的兴趣扩展到他父亲身上。然而，假使她自己对这位父亲缺乏兴趣，这项工作几乎就不可能完成。以后，她还要使孩子的兴趣转向环绕着他的社会生活，转向家里其他的孩子，转向朋友、亲戚和他人。因此，她的工作是双重的：她自己必须给予孩子一个信赖的最初经验，然后她必须准备将这种信任和友谊扩展开，直到它包括整个人类社会。

如果这位母亲只专心使孩子对她自己有兴趣，将来，他会憎恶所有想使他对别人发生兴趣的企图。他总是寻求母亲给他支持，对于他认为能分取母亲关怀的竞争者，则满怀敌意。她对她的丈夫或家庭中其他孩子表现出的关切，都会被认为是对他的权益的剥夺。这个孩子会产生一种观点："我的母亲属于我，不属于其他任何人。"现代的心理学家大多误解了这种情况。例如，在弗洛伊德学派的俄狄浦斯理论中，假设孩子有一种倾向，要爱恋上母亲，并希望和她结婚，憎恨父亲，并希望要杀死他。如果我们了解孩子的发展，这种错误就不可能发生。俄狄浦斯情结只产生在希望占有母亲全部注意力，并逃避开其他人的孩子身上。这种欲望与性无关。它是一种支配母亲的欲望，它要完全控制她，使她成为奴仆。只有被母亲娇宠惯了，并且对世界上的其他人没有同胞感的孩子，才会有这种欲望。在非常少数的例子里，始终只和母亲联系在一起的男孩子，会把母亲当作解决自己爱情和婚姻问题的对象，但是这种态度的意义是：他除了母亲之外，就无法想出有任何人肯和他合作的。他不相信有其他的女人能够成为和母亲一样的奴仆。因此，俄狄浦斯情结是由于教育错误所造成的人工产品。我们不需假设由遗传得来的乱伦本能，也不必考虑这种变态的本源和性有什么关联。

一个被母亲系缚在她自己身边的孩子，一旦进入一个不再和她联系在一起的情境，麻烦就开始发生了。例如，当他到学校去或在公园里和其他孩子一起玩时，他的目标仍然是要和他的母亲联系在一起。不论是什么时间，他都不愿和她分离。他希望永远把妈妈拖在身边，占住她的思想并使她关心自己。他能够用的，有许多种方法。他可能变成妈妈的心肝宝贝，永远软弱，撒娇博取同情。他可能动不动就哭泣或害病，来表示他是多么需要被照顾。在另一方面，他也可能时常动怒；他可能不服从母亲或和她争执，来赢取注意。在问题儿童之中，我们发现了各式各样被宠坏的儿童，他们挣扎着要获取他们母亲的注意，并抗拒由环境而来的每一种要求。

孩子很快就会熟练地找出最能够有效地吸引母亲注意力的方法。

被宠坏的孩子通常都害怕单独一个人被留下，尤其是单独留在黑暗中。他们害怕的并不是黑暗本身，他们是利用害怕来使母亲跟他们更接近。有一个被宠坏的孩子，在黑暗中总是哭闹不休。一天晚上，当他的妈妈应声而来时，她问他："你为什么害怕呢?""因为很暗。"他回答道。但是他的妈妈现在可看破他的行为的目的了。"难道我来了后，"她说道，"就不暗了么?"黑暗本身并不重要。他对黑暗的害怕只是他不愿意和母亲分开。假如这样的孩子和母亲分开了，他便运用他所有的情绪，所有的力量，所有的心智能力，来造成一种她的母亲必须和他接近，并且再和他联系在一起的情境。他可能用尖叫，呼喊，失眠，或故意和自己过不去的其他方法来召唤母亲。教育家和心理学家最常注意到的一种现象就是：害怕。在个体心理学中，我们不再关心着要找出害怕的原因，而是要分辨出它的目的。所有被宠坏的孩子都会害怕某些东西：他们利用自己的害怕来吸引注意力，结果就把这种情绪变成他们生活模式的一部分。他们利用它来达到和母亲重新紧密联系的目标。胆小的孩子一定是被宠惯的孩子，而且他还想继续受宠。

有时，这些被宠坏的孩子会梦魇，并且在睡眠中大哭出声。有人认为，人一旦睡眠便是和清醒互相对立的，它就不可能被了解，这是错误的。睡眠和清醒并不互相对立，它仅仅是同一种东西的变异。在梦里，据调查表明，孩子行为的方式和他清醒时大致是相同的。他想改变情境使之符合自己利益的目标，这影响了他的整个身体和心灵，在经过训练和学习之后，他会找出达到其目标最有效的方法。即使在他睡眠的思想中，和他目标一致的行为和记忆也会进入他的心灵。一个被宠坏的孩子，在几次经验之后，如果他想再和母亲在一起，梦魇就是非常有效的方法，即使他们长大了，也仍保存他们那充满焦虑的梦。

这种焦虑是很明显的，假如我们听说哪个被宠坏的孩子在睡觉中从来不惹麻烦，那才是奇怪的事。这种孩子吸引注意力的把戏非常繁多。他们不是说睡衣很不舒服，就是吵着要喝水，有的会怕强盗或野兽，有些孩子除非他们的父母坐在床边，否则他们干脆就无法入睡，有些会做噩梦，有些会跌下床，有些会尿床等等。

我治疗过一个在夜间似乎从来不惹麻烦的被宠坏的孩子。她的母亲说她睡得很甜，不做噩梦，不半夜醒来，完全没有出过乱子，她只在白天时才惹出种种问题，这真令人感到惊奇。我提出了许多能吸引母亲注意的问题，但是这个女孩子却一样也没有患上。最后，我终于恍然大悟。“她睡在哪里?”我问她的母亲。“在我的床上。”她回答道。

对被宠惯的孩子而言，疾病是求之不得的事。因为当他们害病时，他们会比往常更受到关顾，仿佛是这场病把他变成问题儿童的。其实这是因为他在痊愈之后，还记得母亲不再像当时那么娇宠他了。因此，他便以制造问题来作为报复。有时候，一个孩子会注意到另一个孩子是如何经由患病而成为众人注意中心的，他也希望自己害病。

有一个女孩子曾经住过四年院，在她住院的时间里，她非常受医生和护士们的宠爱。当她回家后，起初她的双亲也很宠爱她，但是几个礼拜后，他们的关怀减少了。假如她要求某件东西而不能如愿时，她会把手指头放进嘴里，说：“我还是住在医院里吧!”她提醒别人：她曾经害过病，并且要想再回复到能让她随心所欲的情境。在成人中，我们也能看到同样的行为，他们常常喜欢谈他们的疾病或动过的手术，以此希望能够得到周围的人的关怀或关心。

在另一方面，有时候，曾经让父母大伤脑筋的孩子在一场疾病之后会恢复正常，不再骚扰他们。我们已经说过，身体的缺陷是孩子们的一种额外负担。但是，我们也说过，它们并不足以解释性格上的不良特征。因此，身体障碍的消失是否对这种改变有所影响？让我们先来看看如下例子：有一个在家中排行第二的男孩子，他说谎，偷窃，逃学，残忍，不服从纪律，在学校惹出了许多麻烦，他的老师对他束手无策，因此主张应该送他进感化院。正在这时，这个孩子病倒了。他的臂部患了结核症，结果在石膏床上睡了半年。他病愈后，成了家中最乖的孩子。我们无法相信这场疾病会对他产生这样的效果。很清楚，这种改变是由于他认清了以往的错误之故。以前，他一直认为父母偏爱他的哥哥，并觉得自己受到忽视。在患病期间，他发现自己是众人注意的中心，每一个人都照顾他，帮助他，从此，便大彻大悟地放弃了“别人总是忽视他”的心思。

假如要补救母亲们经常造成的错误，最好的方法就是不要让她们照顾孩子，并且把孩子送进育幼院，让护士看管。如果我们要找一个代理母亲的人，我们要找的就是能够扮演母亲角色的人——她自己本身一定要像母亲一样地对孩子感兴趣。这样还不如训练孩子自己的母亲来得容易些。在孤儿院长大的儿童经常对别人缺乏兴趣，因为没有人能在这些孩子和其他人之间，架起人际关系的桥梁。以前，有人曾经对一些在孤儿院长大而发展并不良好的儿童做过一项实验。他们找了许多护士和修女给予这些儿童个别照顾，或把他们安置在别人家里，让家庭中的母亲像对待自己孩子一般地对待他们。结果显示：只要保姆选择恰当，他们的情况都会有显著好转。由此可见：养育这种孩子的最好办法，就是帮他们找出代替母亲或父亲的人，过平常的家庭生活。假如我们把孩子从父母身边带开，我们的当务之急也是帮他找寻能够执行父母工作的人。有许多失败者都出身自孤儿、私生子、被遗弃的孩子或婚姻破裂留下的孩子，由这些事实可以看出母亲的温暖和照顾是多么重要。大家都知道，继母是非常难当的，因为前妻留下的孩子常常会反抗她们。然而这个问题并非无法解决，我曾经看过很多人成功地应付了它。在母亲死了之后，孩子可能会转向父亲，并受到他的宠爱。孩子一旦觉得父亲的关怀被继母剥夺了，他便会攻击他的继母。假如她觉得她必须反击，那么和孩子的争执必然是场持久战，那么孩子可就真的惨了。在争执中，最“软弱”的方法才是最有效的。如果硬向他要求某些东西，他必定会拒绝给予。假如我们都能体会到，合作和爱情是绝对无法用武力获得的，那么在这世界中，一定可以避免不计其数的矛盾。

父亲的作用

在家庭生活中，父亲的地位和母亲的地位同等重要。孩子在幼年时，和父亲的关系还不怎么亲密，父亲对孩子的影响也较晚才发生效果。我们已经说过，假如母亲不能把孩子的兴趣扩展到父亲身上，那么这种孩子在社会感的发展上，可能要遇到严重的障碍。婚姻不美满的情境，对孩子而言，也是充满危机的，他的母亲可能觉得自己的力量不足以把父亲系在家庭里，因此她希望完完全全地保护她的孩子。也许父母双方都会为他们私人的利益，而把孩子当作争执的焦点，他们都希望孩子依附在自己身上，爱自己更甚爱对方。如果孩子们发现了双亲之间的冲突，他们可能很巧妙地引起父母的注意，于是，父亲或母亲争着来宠爱他。在这种氛围下成长起来的儿童，是不可能训练出合作精神的。况且，儿童对婚姻和异性伴侣最初的概念，也是从他们父母的婚姻中得来的。在不美满的婚姻下长大的儿童，除非他们最初的印象被纠正过来，否则他们的婚姻观都会很成问题。即使是在成年之后，他们也会觉得婚姻是注定要成为不幸的，他们设法避开异性，要不然就认定他们对异性的追求不可能获得成功。因此，婚姻不和谐的家庭，不是社会生活的产品，也不能作为社会生活的准备。婚姻的意义是两个人共同结合以谋求相互间的幸福，他们孩子的幸福，以及社会的幸福。如果它在任何一方面失败了，它就无法和生活的要求协调一致。

因为婚姻是伴侣式的结合，所以两个人都不应该想驾驭对方。这一点值得详加讨论，不能只当作老生常谈。在家庭生活的全部行为之中，并不需要运用权威。假如其中有一个成员特别突出，或比别人更受重视，那他一定非常不幸。如果父亲脾气非常暴躁，而且想驾驭家庭的其他分子，那么男孩们对男性应有的作风会培养出错误的观念，女孩子会更受其害。这种女孩子在以后的生活中，会把男人想象成暴君，婚姻则会被看作是一种奴役关系或臣属关系，有时候，她们会以性欲倒错的方式企图避开异性。

假如母亲较富于权威性，整天对家里的其他人唠叨，女孩子们可能模仿她，变得刻薄好挑剔；男孩子则始终站在防御的地位，怕受批评，尽量寻找机会表现他们的恭顺。有的家庭，不仅母亲是暴君，姑姑也会加入管束他们的阵营，结果他们会变得保守，畏缩不前，不敢参加社交活动，甚至对全体女性一律敬而远之。

没有人喜欢受批评，但是，假如一个人把逃避批评作为生活的中心点，那他跟社会的各种关系都会受到干扰。他看每个事情的时候，都只会按自己的感觉来加以推断："我是征服者，还是被征服者?"这些人把和别人的交往当作是利害冲突，自然不可能知道友情为何物。

父亲的任务可以用几句话来总结。他必须证明他自己对妻子、对孩子以及对社会都是一个必不可少的栋梁；他必须以良好的方式应付合作职业、友谊和爱情这三个问题；他必须以平等的立场和妻子合作，以照顾并保护他们的家庭。他不可忘记，妇女在家庭生活中所占的创造性地位是不容否定的；他的责任不是压抑妻子，而是和她合作。在金钱方面，我们应该特别强调，即使经济来源是由他供给的，金钱仍然是件共有的东西，绝不应表现得好像他在施舍，其他人则在收受。在理想的婚姻中，男主人供给金钱只不过是家庭中分工合作的结果。有许多父亲利用他们的经济地位作为统治家政的办法。在家庭中不应有统治者，每一个能形成不平等的因素都应该设法避免。我们的文化过分强调了男性的优越地位，结果使得女性被置于低下的地位。因此，每位父亲应该知道：不能因为妻子不会像他一样的赚钱养家，便以为妻子不如自己，无论妻子对支持家庭的经济是否出了一臂之力。如果家庭生活是真正和谐的，那么谁赚钱或谁应该负担家庭，都不应成为问题。

父亲对孩子的影响非常大。许多儿童在一生中都把他们的父亲当作偶像崇拜或者视之为最大仇敌。处罚，尤其是体罚，对孩子总是有害的。不能以友善的方式进行的教育便是错误的教育。非常不幸，在家庭中惩罚儿童的责任经常落在父亲头上。我们说它不幸，有几个原因：第一，它使母亲产生一种误解，以为妇女不能真正地教育她们的子女；以为她们是需要强有力的臂膀来帮忙的弱者。如果母亲告诉她的孩子："等你爸爸回来教训你!"她等于是暗示他们：把父亲当作最后的权威以及生活中的实力人物。第二，它破坏了父子之间的关系，让孩子们怕父亲，而不觉得他是可亲的朋友。也许有些妇女怕一旦她们自己承担惩罚之责，她们就会淡化孩子们的情感，但是要解决这个问题并不能把惩罚之责完全推卸给父亲。孩子们并不会因为她召来一名惩罚的执行者，而放弃对她的怨恨，有许多妇女仍然利用"告诉爸爸"作为强迫孩子们服从的手段，这些孩子对男性在生活中的地位，会作何感想?

假如父亲是以积极的方式应付生活的三个问题，他便会成为家庭的中坚，他是好丈夫，也是好爸爸。他容易与人相处，能够结交朋友。如果他结交了朋友，他就已经使他的家庭成为社会生活的一部分。他不离群索居，也不受传统观念的束缚。家庭之外的影响力能够进入家庭中，而他也会以身作则地教育给孩子社会感和合作之道。

即使丈夫和妻子各有不同的朋友，也没有什么关系。但是他们都应该有相同的社交生活，并避免因友谊问题而闹得貌合神离。当然，我的意思并不是说他们应该朝夕相守，形影不离，而是他们在彼此共处之际，应该感到快乐。例如，假如丈夫不愿意把妻子介绍给他的朋友圈子，这种困难便发生了。在这种情况下，他的社会生活的中心便是在家庭之外。在孩子们发展的过程之中，有一件非常有价值之事，就是让他们懂得家庭是大社会的一个单位，在家庭之外，还有许多值得信赖的人和朋友。

如果父亲和他自己的父母、兄弟、姐妹都相处得非常好，他的合作能力便能得到充分的发挥。当然，他终需离开家庭，独自成家立业，但是这并不是说，他不喜欢家庭，或和他们决裂。如果两个仍旧依赖父亲的人组成了家庭，他们会过分重视各自和原来家庭之间的联系，当他们提到"家"的概念时，他们指的是自己双亲的家。假如他们以为父母仍旧是家庭的中心，就不能建立真正属于自己的家庭生活。这个问题和每一个牵涉到的人的合作能力都有关系。有的家庭，男方的双亲善妒，想要知道他们儿子的每一细节，并给新家庭添加了种种麻烦，他的妻子觉得自己不被尊重，并对公公婆婆的多管闲事感到恼怒万分，这种现象尤其在男方不顾双亲的反对而结婚时容易发生。他的双亲可能错了，也可能是对的。假如他们对儿子的婚事不满意，在结婚之前，他们可以表示反对，但是既然结婚了，那就只有一条路可以走——他们应该尽其所能促成婚姻的美满。假如无法避免门不当户不对的情形，丈夫应该了解其中困难，不必因此感到烦恼，他应该把父亲的反对看作是属于他们的错误，而尽力证明自己看法的正确。夫妻并不必把他们的愿望呈请他们的父母核准，但是假如大家能彼此合作，而妻子也觉得公公婆婆确实能为他们的幸福和利益着想，那么事情会顺利得多。

我们所谈爱情的问题就是指婚姻和幸福家庭的建造。做丈夫的有一个重要条件，他必须对他的配偶深感兴趣。要看出一个人是否对另一个人有兴趣是件很容易的事，情感不仅能够证明彼此之间的有兴趣，有许多种情感还能作为夫妻之间事事和谐的佐证。他必须作为他妻子的良伴；他必须努力奋发，以使她的生活更舒适、更富裕；他必须乐观进取，以取悦于她。只有夫妻双方都认为他们的共同幸福高于个人利益时，才可能有真正的合作。

在孩子们面前，丈夫不应该将他对妻子的情感表现得太露骨。夫妻之爱不能和他们对孩子的爱相互比拟。但是，假如夫妻彼此过分亲密，有时候孩子们就会觉得自己的地位降低了，他们会产生嫉妒之心，并希望能和父母亲一争长短。配偶之间的关系不应该看得太清淡。此外，父亲对儿子、母亲对女儿解释与性有关的事情时，除了孩子希望知道而且在其发展阶段也能了解的以外，就不必一厢情愿地告诉他们太多的知识。许多人乐于告诉孩子还无法掌握的性知识，结果不是引起孩子们的兴趣与好奇心，就是让孩子对性产生恐慌。所以，最好是先了解孩子希望知道什么，并只回答他们正在思考的问题，而不要以我们自己的标准，强迫他们接受我们认为每个人都应该知道的事情。我们必须取得孩子的信任，让孩子觉得我们会和他合作，并帮他找出这个问题的解决方法。假如我们这样做了，便不会错得太离谱。还有，有些父母生怕他们的孩子会从同伴处听来有害的性故事，这也是杞人忧天。具备了正常思考能力的孩子，是会自行掌握是非分寸的，而且孩子们在这些事情上经常比他们的长辈还要细心。一个不准备接受错误观念的孩子，自然不会受到“道听途说”之害。

在我们现代的社会中，男人有较多的机会可以体验社会生活，可以知道社会制度的利弊，以及他们自己国家甚至全世界的道德关系。他们活动的范围仍然比女性的活动范围大。因此，在这方面，父亲应该作为妻子和孩子们家庭生活和社会生活的顾问。但他不能高高在上，他不是家庭教师，他应该像朋友一样劝告妻子和孩子们，并且要避免引起反感。即使自己的看法得到他们的同意，也不必得意忘形。如果他的妻子未曾受过良好的合作训练而反对他的主张，他也不必坚持自己的观点，或想要运用权威来压制对方，应该另找可以消除此种抗拒力的方法。争执是无法使人心悦诚服的。

金钱不应该被过分强调，或拿来当作争执的题材。女人通常不外出挣钱，因此她们对金钱大多比男人敏感。如果批评她们浪费，她们会受到很大的伤害。夫妻双方应该妥善安排好金钱的使用；妻子或孩子们不应运用压力来迫使父亲付出非其能力所能负担的金额；父亲不应该以为他可以只凭金钱来保证儿子的前途。我曾经读过一本美国人写的有趣的小说，其中描述一个白手起家的巨富，希望自己的世代子孙都能免于贫穷和匮乏之苦。他去找一位律师，请教应该怎么做才能实现此愿。律师问他，要连续几代富裕才能满足他的愿望。他告诉律师，他的能力足以使十代子孙生活优裕。“当然，你能够做到这一点，”律师说道，“但是，你可知道你的第十代子孙每一个身上的血统都来自五百名以上的祖先？有五百个其他的家庭都能说他是他们的后代。这样，他们还算不算是你的子孙？”在这里，我们看到不管我们为我们的子孙做些什么事，其实都是为整个社会而做的，除此之外别无选择。

如果在家庭中没有权威的存在，那么其中必定会有真正的合作。父亲和母亲必须合力协商有关他们孩子教育的每件事情。他们任何一人都不应表示对孩子们之中的哪一个有特殊偏爱。这是最重要的。偏爱的危险性绝非夸大其词。孩子们的丧气，几乎都是因为他觉得另一个孩子较受偏爱所引起的。有时候，这种感觉并不见得完全正确；但是，假如父母对孩子一视同仁，这种感觉不应滋长。如果父母重男轻女，在女孩子们之间，自卑情结的发生几乎无法避免。孩子是很敏感的，假如他们疑心别人较受喜爱，即使是好孩子也可能在生活中走上错误之途。个别孩子一向天资较为聪颖或长得较为可爱，父母也很喜欢他。但父母应该有足够的经验，或有足够的技巧来避免表示这一类的喜欢，否则天资较为优越的孩子会使其他所有的孩子蒙受阴影，并感到沮丧。他们会嫉妒、怀疑自己的各种才能，他们的合作能力也会受到挫折。父母应该观察，在他们任何一个孩子的心中，是否存有认为父母偏心的疑虑。

现在我们开始讨论家庭合作另一个同等重要的部分，即孩子们之间的合作。有许多人问："同一个家庭长大的孩子，差异怎么会这么大?"有些科学家把它解释为遗传不同的结果，但是我们却认为这是一种迷信。我们可以把儿童的成长比喻为树木幼苗的成长。许多树木种植在一起，它们却各占有不同的生产情况。如果其中有一株因较受阳光及土壤的惠泽而长得比较快，那么它的发展便会影响到其他各株的成长。它遮去了它们的阳光，它的根四处伸张，吸走了它们的营养，它们却营养不良，发育受阻了。一个家庭中，假如有一个成员过分跋扈，结果也是一样的。我们说过，父亲和母亲都不应在家中占有太突出的地位。如果父亲非常成功或才能出众，孩子们会觉得自己的成就不可能和他攀比。他们泄气了，他们对生活的兴趣也受到了妨碍。因此，假如父亲在自己的行业中很有成就，他不应在家庭中过分强调自己如何如何的成功，如何如何的了不起，否则孩子们的发展便会受到阻碍。

家庭格局

个体心理学在探讨孩子们出生顺序的利弊方面，开拓了一片非常广阔的研究视野。为求简洁，我们假设父母亲之间的合作良好，并尽心尽力在教养其子女。可是，每个孩子在家庭中的排行仍然会造成很大的差异，而且每个孩子也因此在完全不同的情境下成长。我们必须再强调，即使在同一家庭中，两个孩子也不会处于完全相同的情境。因此，每个孩子都会在他的生活方式中，表现出他想适应自己的特殊情境所造成的结果。

每个长子都曾经历过一段独生子唯我独尊的时光，当第二个孩子降生时，他便骤然要强迫自己适应另一个新的情境。长子通常都受到大量的关怀和宠爱，他习惯于成为家庭的中心。在心理毫无准备，措手不及的状况下，他发现自己被逐下了“王座”，家里另一个孩子出生了，他不再唯我独尊了。现在，他必须和另一个对手分享父母的关怀。问题儿童、精神病患者、罪犯、酗酒者、堕落者，这些人的误区多是在这种环境之下开始的，对另一个孩子的降临深深困扰的感觉影响了他们的整个生活模式。

其他的孩子也可能在同样情况下丧失其地位，但是，他们的感受都可能不会如此强烈。他们已经有过和其他孩子合作的经验。他们未曾独享照顾和关怀，但对长子而言，这却是截然不同的转变。如果他确实因为次子的到来而遭受冷落，我们便无法期望他会心平气和地接受这种情境。如果他愤恨不平，我们也不能怪罪他。当然，假如他的双亲曾让他对他们的情爱怀有信心；假如他知道他的地位稳如泰山；假如他已经准备迎接次子的降临，并学会怎样照顾次子的话，他便不会跌入自暴自弃的境地。

次子真的夺走了他原来享有的照顾、爱和赞赏，他开始想把母亲拉回自己身边，并考虑怎么做才能重新获得别人的注意。有的孩子会以最粗野的方式，运用各种可能的方法拼命挣扎；他的母亲却因为他惹出的麻烦而对他心灰意冷，他为要得到母亲的爱而抗争，结果真的失去了它；他觉得自己被冷落一旁，他的行为却真的使他被冷落一旁。他觉得自己理由充足得很，他想，“别人都错了，只有我是对的。”他像是掉在陷阱里，愈挣扎，陷进错误愈深。

受到母亲的反对，孩子会变得脾气暴躁，动作粗野，喜好吹毛求疵或不服从。这种情况，父亲会给他一个恢复旧日受宠地位的机会。于是，孩子便移情于父亲，并以此作为报复母亲的一种手段。在这种环境中长大的孩子，也许他找不到趣味相投的人，到一定时间他会感到绝望，以为再也无法赢得别人的情感。他的性格特征主要表现在脾气乖张、保守畏缩、不能和人坦诚合作等，他的所有动作和表现都指向过去他是众人注意中心的那段业已消逝的时光。因此，长子经常会在不知不觉之中表现出他对过去的兴趣。他喜欢回顾过去，谈论过去。他们只是过去的眷恋者，对未来却黯然神伤。这种丧失过权力以及自己一度统治过的小王国的孩子，比其他孩子更了解权力和威势的重要，当他们长大后，一旦他有了机会和条件，便喜欢搬弄权势，并过分强调规则和纪律的重要性。在他看来，每件事情都应依法而行，而法律也不准随便更改。

我们不难了解，在儿童时期，像这一类人容易形成一种强烈的保守主义的倾向。如果这种人拥有了一定的地位，他总会疑心别人要迎头赶上他，把他拉下王座，并取代他的地位。

长子的地位虽然会造成特殊问题，但是如果妥善处理，便能化险为夷。假如他在次子出生之前已经学会合作之道，便不会遭受伤害。我们还发现有些人会发展成习惯保护人或帮助人的性格，他们模仿着父亲或母亲，经常对年幼的弟妹扮演父亲或母亲的角色，他们中有的还有很强的组织才能。然而，保护别人者也可能衍变成希望别人仰赖自己或想统治别人的欲望。依据我自己在欧洲和美洲研究的经验中发现，问题儿童的绝大部分都是长子，紧接其后的是最小的孩子。极端的地位往往导致极端的问题，这是一种有趣的现象！我们的教育方法至今还不能成功地解决这种问题。

次子处于一种完全不同的地位，这种情境是不能和任何其他孩子互相比较的。从他出生之时起，他便和另一个孩子分享父母的关怀，因此他比长子容易和别人合作。在他的周围环境中，有较多的人乐意和他交朋友，假如长子不敌视他，他的情境是相当舒适的。

关于次子的地位，最明显的事实就是某些和长子不同之处——在他的童年期，始终都有一个竞争者存在。在他前面，有一个年龄和发展都遥遥领先的哥哥，他必须使出浑身解数迎头赶上。典型的次子是很容易辨认的。他表现的行为好像他是在参加一项比赛，好像有人比他领先一二步，他必须加紧脚步来超过他；他时时刻刻都处在剑拔弩张的状态中；他发奋要压过他的兄长并征服他。《圣经》给了我们许多神妙的心理学暗示，在雅各的故事中，便很高明地描写了典型的次子。他希望成为第一，想取代以扫的地位，想打败以扫并超越他。次子总是不甘屈居人后，他努力奋斗想要超越别人。他经常是成功的，他通常都较长子有才能。此处，我们无法承认遗传在这种发展中有任何影响。假如他很快地超越长子，那只是因为他对自己要求较高，即使在他长大之后，出了家庭圈子，他也经常会找一个竞争对手。他会常常拿自己和别人比较，并想尽各种办法要超越别人。

我们不仅在清醒时的生活里可以看到这些特征，在人格的各种表现里，都留有他们的痕迹，在梦里也很容易发现它们。例如，长子常常会做从高处跌下的梦。他们站在巅峰，但是却不敢保证他们能保持他们的优越地位。另一方面，次子经常会梦见自己在参加比赛。他们或许跟在火车后面跑，或许骑着自行车和人赛跑。

然而，这些规则并不是一成不变的。作风像长子的，并不一定必是长子，我们必须考虑的是整个情境，而不只是出生的顺序。在大家庭里，较晚生的孩子有时也会处于长子的地位。也有这样的情况：连续生了两个孩子之后，隔了很长的一段时间才生下老三；以后又紧跟着来了两个孩子。这样，老三就可能具有长子的全部特性，次子亦复如是；第四或第五个孩子降生后，可能显得像典型的次子。两个一起长大的孩子，只要年龄相距很近，而跟其他的孩子又相差很远，那么，在他们身上便会表现出长子和次子的各种特征。

如果长子在这场比赛中被击败了，那么你会看到长子发生了问题；如果长子能够保持他的地位，并带领弟弟或妹妹，那么惹出麻烦的是次子；如果长子是男孩，次子是女孩，长子的处境会非常困难，他承受了被女孩击败的危险，这在我们目前的情况下，很可能被他视为一种严重的羞辱。在一个男孩和一个女孩之间比两个男孩或两个女孩之间的紧张气氛要浓。在这种争执中，女孩子较受天之惠。到了16岁，她在身体和心灵方面都发展得比男孩子快。结果她的哥哥放弃了争执，变得心灰意冷，他会不择手段地攻击对方，例如吹牛或撒谎等等。我们几乎可以保证：在这种情况下，赢的总是女孩子。我们会看到男孩子采用了各种错误的方法，可是女孩子却轻而易举地解决了她的问题，并一帆风顺向前迈进。这种困难是可以避免的，但是却要事先知道其危险所在，并采取防范步骤。在家庭里，各成员都应该平等合作、团结一致。家中没有敌对的感觉，也不会让孩子觉得他要面对敌人并花时间与之抗争，这样才能避免不良后果。

其他的孩子都有弟弟或妹妹，其他孩子的地位都可能受到威胁，只有最末孩子是例外。最末孩子没有弟妹，但是却有许多竞争者，他一直是家里的娃娃，而且也可能是最受宠爱者。他面临的是被宠坏孩子特有的问题，但是，由于他所受的刺激很多，由于他有许多竞争的机会，所以他经常会向异乎寻常的方向发展，他跑得比其他的孩子快，并超过了比他还能跑的人。在人类的历史观念中，最末孩子的地位一直未曾改变。在人类最古老的故事里，便已经有最末孩子如何超过兄姐的记载。在《圣经》里，征服者总是最末孩子。约瑟被当作最末孩子抚养大。他出生之后 17 年，便雅悯出世了，但是便雅悯对他的发展却没有任何影响。约瑟的生活模式完全是最小儿子的生活模式。他始终保持着自己的优越地位，甚至在梦中也是如此。别人必须向他低头，他的光芒淹没了他们。他的兄弟们都很了解他的梦，约瑟在梦中所引起的感觉，他们也都感觉到了。他们怕他，并且要避开他，然而，约瑟还是从最后变成了第一，在以后的日子里，他成了家里的栋梁，支持着整个家庭。最小的孩子经常是整个家庭的栋梁，这种现象并非偶然。人们都知道这一点，并编了许多故事。事实上，他是处在一个相当有利的情境中：父母亲和兄弟姐妹，都会帮助他，还有许多事物可以激发他的野心和努力，同时又没有人从后面攻击他或分散他的注意力。

可是，我们说过，第二大比例的问题儿童来自最末的儿子。这种现象的原因通常都在于整个家庭宠惯他们的原因。被宠坏的孩子绝对无法自立，他丧失了凭自己力量获取成功的勇气，并且总是野心勃勃，大多数富有野心的孩子都是懒惰的。懒惰是野心再加上勇气丧失所造成的恶果，野心大得使人看不出有实现的希望时，自然会令人心灰意冷。有时候，最小的孩子不肯承认他有任何一种野心，但这是因为他希望在每一方面都超过别人，不受拘束，能唯我独尊。从最小孩子可能感受到的自卑感看来，这一点也很容易理解。环境中的每一个人都比他年长，比他强壮，比他经验丰富，他当然会常常自叹不如。

独生子也有属于他自己的误区。他有一个敌手，但是他的敌手并不是哥哥或姐姐，他竞争的感觉针对着他的父亲。母亲总是特别宠爱独生子，她怕失掉他，想要将他置于自己的翼护之下，结果，他养成了所谓的“母亲情结”（mother complex），终日系在母亲的围裙带上，并想把父亲逐出家庭的圈子之外。假如父亲和母亲协力合作，让孩子对他们两人都感兴趣，这种情形也是可以避免的，可是大部分的父亲对孩子的关怀不及母亲。长子和独生子非常希望：他们想要征服父亲，他们喜欢年纪比自己大的人。独生子经常生怕自己会有弟弟或妹妹。家庭的朋友常常会说：“你该有个小弟弟或小妹妹了！”他对这种预言却深恶痛绝，他要永久作为众人注意的中心，他觉得这是他的权利。假如他的地位受到挑战，他会认为那是不公平之事。在以后的生活中，只要他不再是众人注意的中心，他便会制造种种弊端。另一种可能妨碍其发展的危险是他诞生在小心翼翼的环境中。如果他的父亲由于身体上的原因不能够再生育了，那么我们应该做的唯一事情就是尽力帮他解决独生子可能遭到的问题。但是，在可能生育更多孩子的家庭中，我们也经常可以发现独生子。这种父母过分胆小和悲观，他们觉得他们无法解决孩子太多所造成的经济负担。家庭中的气氛充满了焦虑，孩子也感受到巨大的压力。

假如孩子们出生的时间相隔太远，每个孩子都会有某些独生子的欲念，这种情形并不是很理想的。经常有人问我：“你认为家庭中孩子们的年龄，最好应相差多少？”“孩子们是应该紧接着出生，还是应该间隔较长的时间？”依据我的经验，我认为最理想的间隔是大约三年。在三岁之龄，假如较小的孩子出生了，他也能表现出合作行为。他的智力已经足以接受：在家庭中可以不止有一个孩子；假如他只有一岁半或两岁，我们无法和他讨论，他也无法了解我们的道理。因此，我们不能让他准备即将到来的事情。

在全部的女孩子的家庭中长大的独生男孩，也会面临一段艰苦的时光。他处在全部女性的环境中。父亲大部分的时间都不在家，他举目所见，只有母亲、姐妹和女仆，由于觉得自己与众不同，他只能在孤独中成长，若是“女生们”一起联合起来对付他时，更是如此。他觉得她们必须一起教育他，或者她们想要证明他没有什么值得骄傲的，因此便造成了大量的抗拒和敌意。如果他正好排行中间，他可能是站在最糟糕的位置——他会双面受敌；如果他是长子，他便有一个很厉害的女性竞争对手；如果他是最小的孩子，他可能被造成一个玩物。在女孩子之间长大的男孩，都是属于不太讨人喜欢的类型。如果他能参加社交活动，和其他的孩子们交往，那么这个问题便能获得解决，否则，在身边女孩子的环绕下，他的作风也会带上女孩气。纯粹女性的环境和男女混合的环境是完全不同的。假如有家公寓，其中没有硬性的规定，可以让居住的人听凭自己口味任意布置，你可以断定：如果住的人是女性，这家公寓一定整整齐齐，有条不紊，它的色彩经过特别选择，各种细微小节也都受到慎重注意；假如男性住在里面，它大概就不会这么整洁了，其中可能充满紊乱、喧闹和破旧的家具。

在女孩子群中长大的男孩会带有女性味，生活且会有女性化的迹象。反过来说，男人会非常重视自己的男性气质，会时时防卫自己，免得受到女性的驾驭。他们觉得必须肯定自己的不凡和优越，因此，他们会时时感到紧张。有的男人会朝某种极端的方向发展，若不是变得非常强壮，就是非常软弱。这是一种值得研究和探讨的问题。同样的，在男孩子中长大的女孩子，也很容易发展出非常男性化的气质。在生活中，她经常会感到不安全和孤立无助的威胁。

每当我研究成人的时候总会发现，在儿童早期留下的印象是永远不可磨灭的，他们在大家庭中的地位给他们的生活模式留下了无法抹去的印记。发育过程中所出现的困难都是由家庭中的敌意和缺乏合作精神所引起的。我们的社会生活乃至整个世界，到处是敌对和竞争的一面。人类无不是在追求着想要成为征服者、想要超越并压垮别人的目标。这种目标是早年训练的结果，也是觉得自己在家庭中未曾受到平等待遇的儿童努力奋斗、拼搏竞争的结果。我们要避免这一类的害处，唯一的方法就是给予儿童更多的合作训练。

第七章　学校教育的影响

学校是家庭幼教的延续。假如父母能一如既往地负起对孩子们教育的责任，让他们能够恰当地解决生活的各种问题，那么便没有学校教育的必要了。在某些文化里，经常有儿童完全在家中受训练的情形。工匠会把他从父亲处传授下来的技巧和从自己实际经验中悟得的本领传授给他的下一代。然而，现代文化却对我们提出更为复杂的要求，我们需要学校来减轻双亲的负担，并继续他们未完成的工作。社会生活需要它的成员接受比他们家庭中所能受到的更高的教育。

美国的学校不像欧洲学校那样要经过许多不同的发展阶段，但是我们还是时常可以看到权威式传统的遗痕。在欧洲教育的历史里，最先只有王子和贵族的子弟才能受学校的教育，他们是社会中唯一有“价值”的人，其他的人注定要安分守己，默默无闻过一辈子。以后，社会的限制扩大了，教育由宗教机构接管，只有少数经过特选的人能学习宗教、艺术、科学和进行专业训练。

当工业技术开始发展后，教育的形式和范围便完全改观了。大家都致力于教育的普及，在乡下和小乡小镇，教师经常由皮匠和裁缝来担任，他们教导孩子的时候，手里总是离不开教鞭，教出来的学生也贫乏得可怜。只有宗教学校和大学才教授艺术。有时候，甚至皇帝都是不学无术的。现在却发展到连工人都要会读、会写，并懂得加减乘除。公众学校从此奠定了基础。

然而，这些学校都是遵照政府的政策设立的。当时政府的目的在于培养出顺从的公民，训练他们维护上层社会的利益，并能够随时从军作战。因此，学校的课程都指向战争的目标。记得有一段时间，我国仍然部分地保留了这种情况。慢慢地，这类教育的缺点暴露出来了。自由的思想开始萌芽，工人阶级逐渐觉悟，他们的要求也逐渐增多，公众学校采纳了他们的要求。

现在流行的教育理想是：我们应该教儿童不但要为自己着想，还要为他人着想，应该教他们熟悉文学、艺术和科学，应该让他们分享全部的人类文明，并对人类有所贡献。我们不再只训练孩子赚钱，我们要的是在文明的共同工作中结成平等、尊重、和平的伙伴。

教师的教书育人

不管他们是有意还是无意，所有建议要改革学制的人，都是在寻求能够在社会生活中增加合作程度的方法。性格教育（character-education）的目的即在于此。按照我们对性格教育的了解，这显然是一种很正当的要求。然而，这种教育的宗旨和技术都还未被人充分接受，我们必须找出一批教师，他们不只是为金钱而教育儿童，他们能遵照人类的利益来工作，他们必须体会到教师工作的重要性，并且接受良好的训练。性格教育仍然是在试验阶段。

我们必须把教条置之度外——在性格教育中，我们不作严格的要求。然而，即使在学校里，它的结果也不令人满意。儿童们进入学校时，有些在家庭生活中已经失败了，尽管给予训练和勉励，他们的错误仍然未能消除。因此，除了训练教师在学校里了解并帮助孩子们的发展外，别无他途可循。

我大部分的时间都在从事教育孩子的工作。我相信，维也纳的许多学校在这方面都遥遥领先。在别的地方，虽然也有精神病学家为孩子看病指导，并提出有关他们的忠告，可是如果他们的观点并不被老师所接受，更不知道实施方法，效果又从何谈起呢？一个精神病学家一个星期虽然和孩子见面一次或两次，但他并不了解从环境、家庭和学校本身等各处来的影响。他只写张便条，说这个孩子应该改善营养，那个学生应该接受甲状腺治疗，也许他还会给老师一些暗示，说某个孩子该接受个别指导。但是，老师既不知道这种处方的目标，对避免错误也缺乏经验。除非他自己了解孩子的性格，否则他便一筹莫展。在精神病学家和教师之间，需要有最密切的合作，教师必须知道精神病学家所知道的一切事情，这样在讨论孩子的问题之后，他才能有针对性地进行他自己的工作。如果发生了什么意外问题，也知道要如何应变。最实用的方法可能就是我们在维也纳设立的那种顾问会议(Advisory Council)。这种方法，我将在本章末尾详加描述。

当孩子初次上学时，他面临着社会生活的一种新体验。这场体验会暴露出他发展中的任何弱点。他必须在一个广阔的环境里与人广泛地合作，如果他在家中受宠惯了，他很可能不愿意离开他那种受人保护的生活而和别的孩子打成一片。因此，在被宠坏孩子学校生活的第一天里，我们便能看出他的社会感所受的限制：他可能大哭大闹，吵着要回家，他对学校的学习和他的老师都不感兴趣。我们不难想象假如他继续只对自己有兴趣的话，他在学校中只会落于人后。常常有父母向我们述说，某个问题儿童在家中一点都不惹麻烦，可是一上学校，问题便来了。我们会怀疑这个孩子在家里可能觉得自己所处的情境特别舒适。在这里，他不必接受考验，他发展中的弱点也不会暴露出来。可是，一到学校之后，他不再受到宠爱了，他觉得这个情境是一种打击。

有一个孩子，从他上学第一天起，便什么事也不干，只是在嘲笑老师说的每一句话。他对学校的任何工作都丝毫不感兴趣，大家都以为他可能是低能儿童。当我看到他时，我对他说："大家都在奇怪你为什么老是讥笑学校。"他回答道："学校是父母们搞出来的一场笑话。他们把孩子送进学校，教成傻瓜。"他在家里时常受人嘲弄，他相信每一个新情境都是要寻他开心。我向他指明：你太过分强调要维护自己的尊严了，并不是每个人都想愚弄你的。结果，他逐渐地使自己对学校产生兴趣，并有了显著的进步。

注意纠正父母的错误教育给儿童造成的弱点，是学校教师不可或缺的工作。有些儿童已经准备好接受更广阔的社会生活，有些则未做好这项准备。当一个人对某一问题没有准备时，他会举棋不定，或畏惧退缩，落于人后而又不是心智低能的儿童，多是在社会生活的适应问题前犹豫不决，教师最适于帮助他的就是应付他眼前的新情境。

教师应该如何帮助儿童呢？教师必须和母亲应该做的一样——和学生联系在一起，并从心里对他发生兴趣。绝不能只用严厉的惩罚。假如一个孩子到学校后，发现自己很难和老师或同学沟通来往，最无能的教育方法就是批评他或责备他，这种方法只能让学生找到更充分的借口来讨厌学校。假如我是个在学校里经常受到冷嘲热讽的孩子，我对老师们也会敬而远之的。我会避开学校，设法向新的情境另谋发展。

顽皮难以管教的坏学生，大多数是把学校视为令人不快的场所；而时时想逃学的孩子，他们并不愚笨，在编造不去上学的理由或模仿家长的签字时，他们经常表现出很高的天赋，在学校之外，他们会找到志同道合的逃学孩子，从这些同伴处，他们获得了在学校里无法得到的赞赏。能够让他们感兴趣，并让他们觉得自己有价值的圈子，不是学校，而是问题少年组织。从中我们可以看出，不能被班上同学视为自己团体的一员的儿童，如何使自己踏入犯罪之途。

如果老师想要吸引儿童的注意，他必须先了解这个儿童以前的兴趣是什么，并设法使他相信：在这种兴趣以及发展这种兴趣上都能获得成功。当儿童对自己某一方面满怀自信时，要在其他各点上刺激他便容易得多。因此，一开始，我们便应该去发现孩子对世界是抱以何种看法，最吸引其注意力而且训练程度最高的感官又是哪一种。有些孩子对感官世界最感兴趣，有些喜欢聆听，有些则好运动。视觉型的儿童对必须运用眼睛的学科，例如地理或绘画等，比较容易感兴趣。老师讲课时，他们可能不听，因为他们不习惯于使用自己的听觉。这种孩子如果没有用眼睛学习的机会，他们便赶不上别人。大家可能认为他们是能力不足或缺乏才智，而归罪于遗传。其实，老师和家长也难逃其责，他们没有找出使孩子发生兴趣的正确方法。我建议不要对这些儿童施以特殊教育，但却应该鼓励他在其他方面也培养兴趣。

现在已经有些学校施行视听教学，把教材用可以由各种感官同时接受的方式教给学童。例如，把绘画和雕塑的课程合并在一起等等。

这是一种值得鼓励并要更进一步推广的方式。教授课程最好的方法就是和生活的其他部分紧密连接，使孩子们能够看出这种教导的目的和他们所学之物的实用价值。

也许有人会问，直接把教材传授给孩子，和教他们自己思考，两种方法何者较佳？依照我的看法，这个问题中的对立观念太刻板了。两种方法是完全可以联合运用的。例如，教孩子把建造房子和数学联系在一起，让他算出需要多少木材，里面可以住多少人等等，这样对他掌握实际知识本领一定有很大帮助。有些课程很容易放在一起教，而我们也可以请到许多专家来把生活的一部分和其他部分联合起来。老师可以和学生们一起散步，找出他们最感兴趣的东西是什么。同时，他还可以教他们了解动物和植物的构造，植物的进化和利用，湿度的影响，国家的地理形状，人类的历史等。当然，我们必须先要求这位老师对他所教的学生真正感兴趣，如果不能达到这个先决条件，我们便无法期望他会以此方式教孩子。

培养合作与竞争意识

在现行的教育制度下，我们通常都会发现当孩子开始上学时，他们对竞争的准备便远较对合作的准备充分。在学校生活中，对竞争的训练又一直持续未断。对孩子而言，这是一种不幸。假如他击败了别的孩子遥遥领先，他的不幸并不见得少于屈居人后而万念俱灰者。在这两种情况下，他都会变得只对自己感兴趣。他的目标将不会是奉献和施舍，而是夺取能供自己享用之物。正如家庭应该团结一致，各成员都是团体中平等的一员一样，班级也应该如此。只有依此方向施予教育，孩子们才会真正彼此感兴趣，并享受到合作的快乐。我看过许多有毛病的儿童，在经过和同伴合作并分享乐趣之后，态度便完全改变了。我可以特别举出一个儿童为例。他出身于一个他觉得每个人都与他为敌的家庭，他以为在学校里大家也会和他作对。他在学校的功课很差，当他父母听到消息后，便在家里“修理”他。这种情况是经常发生的。孩子在学校里拿到一张差成绩单，挨了一顿骂，把它带回家后，又受到处罚，这种情况一次便已经够受的了，何况两次呢？因此这个孩子在班上调皮捣蛋，成绩也始终不见起色。最后，他遇见了一位了解这种情况的老师，他向其他的同学们解释了这孩子为什么觉得人人和他为敌，老师要求大家帮助他，让他相信他们是他的朋友。结果这个孩子的行为便有了出人意料的转变。

有些人会怀疑我们是否真正能用如上方式来教导孩子了解别人并帮助别人，但是根据我的经验，孩子经常是比他们的长辈更善解人意的。有一次，一位母亲带了她的两个孩子——一个两岁的女儿和一个三岁的男孩到我的房间来。在母亲不注意时，小女孩爬上桌子。母亲吓了一大跳，她怕得动也不敢动，只是大声叫道：“下来！下来！”小女孩理都不理她；那个三岁的小男孩说道：“不准动！”女孩子马上就爬下来了，可见他比母亲更了解她，也更知道该怎么办。

有人主张团结和合作的最好方法是让孩子们自治。但我认为这种尝试必须在老师的指导之下小心进行，并且必须先肯定他们已经具备此能力。否则，孩子们对他们的自治不以为然，他们只把它当作一种游戏，结果他们可能比老师更严厉、更苛刻。他们可能利用班会来争权夺利，攻击别人，排除异己，或争取优越的地位。因此，从一开始教师就应该给予注意和劝告。

正确评价孩子的发展

如果我们想了解一个儿童当前心智、性格及社会行为等各方面的发展，我们便无可避免地需要使用各式各样的测验办法。如智力测验之类的测验，也能作为救助孩子的工具。有个孩子在学校中的成绩很差，老师希望让他留级，经过智力测验后却发现他其实是可以升级的。一个孩子未来发展的限度是绝对无法预测的，智商只能够用来帮我们测定一个孩子的接受能力。在我自己的经验里，当智商显现出某人并不是真正的心智低下时，只要我们找出正确的方法，便能使他的智商再发生质的改变。我发现，只要让孩子们玩智力测验，并增加实际考试的经验，他们的智商会得到进一步的提高。因此，智商不应该被当作是由命运或遗传决定儿童未来成就限制的因素。

儿童本身或他的双亲也都不应该过分探究其智商。他们不知道这类测验的目的，他们以为这是一种最后的判决。在教育中难度最大的，并不是儿童本身的各种限制，而是他认为自己具有各种限制。假如一个儿童觉得自己的智商很低，在教育时，我们应该全力设法增加儿童的勇气和信心，并帮他消除对生活的错误理解，为自己能力的发挥订下各种计划。

对于学校的成绩单也应该如此处理。当老师给某个学生一个很差的成绩单时，他相信这是在刺激学生发奋向上。然而，假如学生的家里对他要求很严，他可能就不敢把成绩单带回家，他可能涂改成绩单或不敢回家，有的孩子甚至会自杀。因此，教师应该考虑这些可能出现的后果。他们虽然不必对孩子的家庭生活以及它对孩子的影响负责，但是他们却应该将之列入考虑范围之内。如果父母望子成龙之心甚切，当他把坏成绩带回家时，可能就会受到责罚。假如老师分数打得稍微宽松一点，儿童可能会受到激励而继续努力直到获得成功。当孩子成绩老是不理想，其他的同学也都认为他是班上最糟糕的学生时，他自己可能觉得自己是无可救药的。然而，即使是最坏的学生也会有进步的可能，在许多名人中，我们有足够的例子可以说明，在学校中屈居人后的孩子是可能恢复其勇气和信心，并达成伟大成就的。

有趣的是孩子们不凭借成绩单，对彼此之间的能力也会有相当精确的了解。他们知道在数学、书法、绘画、体育各门里，分别是哪一个人最拿手。他们最常犯的错误是认为自己再也无法进步了，他们看着别人遥遥领先，认为自己永远无法追及。假如一个孩子对这种看法根深蒂固，他会把它移转到以后的生活环境中。即使在成年后的生活里，他也会算计他的地位和别人之间的距离，大部分的儿童各学期，大致会保持相同的名次。它显示出他们为自己订下的限制，他们的乐观程度，以及他们的活动。不过，有时名列班级之后的人也能改变他的排位，并取得惊人的进步。儿童们应该了解这种自我限制所犯的错误，老师和学生也都应该放弃“正常智力儿童的进步和其天赋能力有关”的迷信。

关于先天不足与后天培养

教育界所犯的各种错误中，迷信遗传会限制儿童发展的思想，是最糟糕的一种。它让老师和家长们对儿童的管教无方，有借口逃避责任。他们可以不必为他们对儿童的影响负任何责任。像这类情况都应该及时予以纠正。从事教育的人假如能够把性格和智力的发育全部归之于遗传，那么我便看不出他还能希望在自己从事的职业中完成些什么东西。反过来说，如果他看出他自己的态度和措施能够影响孩子，他就不能以遗传的观点来逃避责任。

器官缺陷的遗传是无可否认的。但我相信，只有在个体心理学里，才能真正解释这种由遗传而来的缺陷对心灵发育的影响。孩子在心里会体验到他器官功能作用的程度，他会依照他对自己能力的判断，来限制自己的发育。因此，假如一个孩子蒙受了器官缺陷之害，他便特别需要了解这并不会使他在智力或性格方面受到限制。我们已经说过，同样的身体缺陷，可能被拿来作为更大努力，及求取更高成就的刺激，也可能被当作是注定要妨碍发展的一种阻碍。

最初，当我发表这个结论时，有很多人都批评我的观点不科学。他们指责我主张的只是和事实完全不符的个人信念而已。然而，我的结论却是从我的经验中精炼出来的，有利于它的证据也愈积愈多。现在，有许多精神病学家和心理学家也都殊途同归地获得了同样的看法，认为性格中过分强调遗传成分的信念只能称为迷信（superstition）。这种迷信已经存在了数千年。当人们想要逃避责任，并对人类行为采取宿命论的观点时，性格特征是来自遗传的理论便自然而然地出现了。它最简单的形式就是“人之初，性本善”或“性本恶”的说法。这显然是站不住脚的，只有对逃避责任的欲望很强的人才坚持它。“善”“恶”，像其他各种性格的表现一样，只有在社会环境中才有意义。它们是在社会环境中和同类相互切磋所得的结果，它们蕴含了一种判断——“顾全他人的利益”或“违反他人的利益”。在孩子降生之前，他并没有这一类的社会环境。出生之后，他的潜能使他往任何一方向发展。他所选择的途径决定于他从环境和从自己身体所接受的感觉和印象，以及他对这些感觉和印象的解释。此外，它还要受教育的影响。

其他心理功能的遗传性也都是如此，虽然它们的证据没有这么明显。心理功能发展中的最大因素是兴趣。我们已经说过，能够妨碍兴趣的不是遗传，而是自己灰心或对失败的畏惧。不用说，大脑结构是由遗传得来的。但是大脑只是心灵的工具，而非其根源。而且，假如大脑的损伤尚未严重到我们目前的知识无法挽回的地步，它仍然能够接受训练，以补偿其缺陷。在每种异乎凡庸的能力后面，我们所看到的不是异乎寻常的遗传，而是长期的兴趣和训练。即使我们发现有许多家庭一连几代都产生天赋甚高的人才献身于社会，我们也不认为它是出自遗传的效果。我们宁可假设：这个家庭中某一分子的成功，可以刺激其他人奋发向上，而且家庭的传统也使得孩子们在耳濡目染中继承先人的志趣。比方说，当我们发现大化学家李比希（Liebig）是药房老板的儿子时，我们也不必想象他在化学方面的能力是得自遗传。我们只要知道他的环境允许他发挥自己的兴趣。在其他孩子对化学仍然一无所知的年龄，他对这门学问的许多部分已经相当熟稔，这样便已经够了。莫扎特（Mozart）的双亲对音乐很感兴趣，但是莫扎特的才能也不是由遗传得来的。他的父母希望他对音乐产生兴趣，特别鼓励他往此方向发展，从他幼年时代起，他的整个环境便充满了音乐。在杰出人物中，我们经常可以发现这种“早期启蒙”：他们或者在4岁便开始弹钢琴，或者在很小的时候就为家里的其他人写故事，这种兴趣是延续而持久的。他们所受的训练是自然而广泛的。他们一直勇往直前，不犹豫，也不退缩。

假如教师相信发展有固定的限制，那么他便无法成功地除去儿童为他自己的发展所订下的限制。假如他对孩子说“你没有数学才能”，他的处境便轻松多了，可是，这样做除了使孩子泄气外，便毫无作用了。我自己也有类似的体验。我在念书时，有好几年都是班上的数学低能儿，我也十分相信我是完全缺乏数学才能。有一天，我竟然出乎意料地发现自己会做一道难倒了老师的题目！这次成功改变了我对数学的整个态度。以往，我的兴趣完全没放在这门功课上，后来，我开始以它为乐，并利用每个机会来增加我的能力。结果，我在学校里成了数学佼佼者之一。我想，这次经验在帮我看出特殊才能或天生能力理论的错误时，也是很有益的。

区分孩子的个性特征

即使是在人数很多的班级里，我们也能观察出孩子们之间的差异。如果我们了解了他们的性格，一定比他们自己更能了解他们。然而，班上的人数太多总是一大不利。有些孩子的问题被忽视了，要适当地处理他们也很困难。老师应该很密切地熟知所有的学生，否则他就无法培养出兴趣和合作精神。假如在几年之间，学生们都能跟随同一个老师，我想一定会有很大的帮助。在某些学校里，教师每六个月便更换一次，老师没有和学生打成一片的机会，也无法看出他们的问题。如果一位老师能够和同一群学生相处三四年，他可能更容易发现某个孩子生活模式中的错误，并设法加以补救，而且要把一个班级造成一个合作的单位也容易很多。

让孩子跳班升级经常是弊多利少。通常他会肩负许多他无法达成的期望，而觉得压力沉重。假如某个孩子年龄比他的同班同学大，或者他发育得比班上其他孩子快，我们也许就该考虑让他升级。可是，如果这个班级正如我所主张那样能团结一致，其中一分子的成功，对其他人是很有启发性的。班上有一个出类拔萃的学生，整个班级的进步就会加速；把其他人的这种刺激剥夺掉，并非明智之举。因此，我的看法是让天资聪颖的学生多参加其他的活动，培养其他的兴趣，例如绘画、音乐等等。他在这些活动中的成功，也会扩大其他儿童的兴趣，并鼓励他们往前迈进。

假如儿童们留级重读，情况就更为不妙。每一个老师都相信，留级的学生不管在家庭或是在学校，都是个累赘。当然，他们不是全部如此的，有少数的留级生也能留在原班上而不造成任何问题。但是，大多数的留级生都依然如故，他们在班上又落后，又惹麻烦。同学对他们都没有好印象，他们对自己的能力也存有悲观的看法。我们不能轻易废除留级制度，这是当今学校制度的一大难题。有些教师利用假期来训练落后的儿童，让他们认清他们在生活模式中所犯的错误，使他们不必再留级重读。当他们认清错误后，这些孩子在第二学期起便能顺利跟上了。这是我们真正帮助落后学生的唯一方法，让他看清自己所犯的错误后，我们就能放心让他凭自己的努力前进了。

当我观察把学生依优劣程度编入不同的班级时，我便注意到一件特殊的事实——我的经验主要是在欧洲得到的，我不知道在美国是否也存有同样情形——在程度较差的班级里，我看到心智低下和出身贫寒的儿童混在一起。在优良的班级中，大部分儿童的父母都很富裕。这种现象显然是太不合理了。贫穷的家庭对儿童教育的准备都不够良好，父母们面临了太多的困难，他们不能花太多时间来教育儿童，甚至他们本身的教育不足以帮助儿童。可是，我却不认为对上学准备不够的儿童，就应该被置入程度较差的班级里。训练有素的教师应该知道如何矫正他们的准备不足，假如让他们和准备良好的儿童相处，他们必然会获益良多。否则程度较差的班级就成了他们丧失勇气和不再追求个人优越地位的沃土。

在原则上，男女合班（coeducatien）是值得支持的。它是让男孩子和女孩子彼此认识更清楚，并且互助合作的不二法门。可是，相信男女合班便能解决所有问题的人，也犯了很大的错误。男女合班本身也有其特殊问题的存在，除非认清了这个问题，并把它当作一个问题来处理，否则两性之间的距离反倒会因男女合班而加大。比方说，其困难之一是：直到 16 岁之前，女孩子都发育得比男孩快。假如男孩子不了解这点，他们便很难维持他们的自尊。他们眼见着自己被女孩子超过，自惭形秽。在以后的生活里，他们可能会因为记着这种挫败，而不敢和异性竞争。赞成男女合班并了解其问题所在的教师，能够利用这种制度完成许多事情，但是假如他对此认识不清，他便注定失败。

另外一个困难是：假如对孩子们教育不良，或监督不够，那么必然会发生性的问题。在学校中，性教育的问题是非常复杂的。教室并不是施行性教育的适当场所，假如教师对整个班级讲述这些东西，他根本无从知道是否每个学生的了解都正确无误。他可能因此而引起了他们的兴趣，却不知道孩子们是否能够接受，并纳入自己的生活模式中。当然，假如孩子希望多知道一些，而私下向他提出各种问题，教师就应该给他真实而坦率的回答。这样，他便有机会判断孩子真正想知道的是什么，并将他导向正确之途。如果不断地在班上讨论性的问题，必定是有害的。有些孩子一定会因此发生误解，把性当作是件无关紧要的事。

任何在了解儿童方面受过训练的人，都能很容易地区分出不同的生活模式和类型。要看出一个孩子的合作程度，可以观察他的姿势，他观看和聆听的方式，他和其他孩子所保持的距离，他是否容易与人交友，以及他专心注意的能力。假如他老是忘记做功课，或丢掉书本，说明他对课业不感兴趣。我们必须找出他对学校丧失胃口的原因。假如他不参加其他孩子的游戏，我们可以看出他的孤独感和他对自己的兴趣。假如他总是希望别人帮他做事，我们可以看到他缺乏独立性和他想得到别人支持的欲望。

有些孩子只有在受到嘉奖或赞赏时才肯工作。有许多被宠惯的儿童只有在老师对他们格外注意时，他们在学校功课的表现上才特别优越。假如他们失掉了这种特别的关怀，麻烦就出现了，如果没有人注意他们，他们的兴趣就随之而止。对这些儿童，数学经常是他们的弱项。当要他们背出公式或规则时，他们会毫无困难地说出来，但是要他们自己解答一个问题时，他们就一筹莫展了。这似乎是一种小瑕疵，却会对我们共同的生活造成最大的危险。如果这种态度保留不变，他在成年之后的生活里也会时刻索取他人的支持。当他面临问题时，他就会强迫别人代他解决问题。他会终其一生对人类幸福毫无贡献，而只是作为别人的永久负担。

另外还有一种孩子，他们决心要成为众人注意的中心，假如不能如愿，他们便会制造恶作剧，扰乱课堂秩序，带坏其他孩子，责备和惩罚都改变不了他。他宁可受痛打，也不愿被忽视。他的行为所带来的惩罚，只不过是他为自己的欢乐所付出的代价。对许多儿童而言，罚只是视其能否持续其生活模式的挑战，一场比赛或游戏。结果他们总是赢的，因为主动权掌握在他们手里。所以有些喜欢和老师或父母作对的人，在受到惩罚时，不但不哭，反倒会笑。

懒惰的孩子，除非他们让自己懒惰是对双亲或老师的直接攻击，否则他们几乎都野心勃勃，而又怕遭到失败的打击。每个人对“成功”一词的理解都是不相同的。当我们发现一个孩子把什么当作是失败时，不必惊讶万分。有些人认为如果不能超过其他所有人，自己便失败了。即使他很成功，也容不得有人比他更好。懒惰的孩子则从未尝过被击败的滋味，因为他从没有面临真正的考验。他对眼前的问题总是尽量逃避，也不肯轻易和人一较长短。别人都会以为，假如他不是这么懒的话，他一定能应付他的困难。他自己也在这种想法里找到了“护身”之所。当他失败时，他会以此自我解嘲，并保持住他的自尊。他会对自己说：“我只是懒，不是无能。”

有时候，老师也会对懒学生说：“假如你再努力一点，你就会变成班上最好的学生。”假如他不费吹灰之力便能获此殊荣，他为什么要努力工作，冒着被人重视的险？别人会以他的成就来评判他，而不再重视他可能达成的成就。懒孩子的另外一点好处就是：当他做了一点点工作时，别人就会夸奖他。别人看到他好像有洗心革面的意思，便急着想刺激他痛改前非。同一件工作，假如是勤快的孩子所做的，便不会受到这么多的重视。懒孩子便以此方式生活在别人的期望里。他也是个被宠坏的孩子，从婴孩时代起，他便学会不管什么事情都要期待别人帮他完成。

孩子们有许多不同的类型。我们丝毫无意主张他们应该被塑造成一种固定的类型，只是希望他们不要面向失败，这在儿童时代是比较容易做到的。如果它们未被纠正，它对成年人生活所造成的结果不仅严重，而且有害。儿童时期的错误和成年后的失败是一脉相通的。没有学会合作之道的儿童，以后容易变成精神病患者、酗酒者、罪犯或自杀者。焦虑性精神病患者幼时多害怕黑暗、陌生人或新环境。在我们现代的社会中，我们无法期望接近每一位父母帮助他们避免错误。最需要给予忠告的父母都是最不肯接受劝告的父母。然而，我们却可以通过所有的老师，经由他们来接近全部学生，矫正他们已经造成的错误，并训练他们过一种独立、合作和充满勇气的生活。依我的看法，人类未来幸福的最大保证便在于这种工作中。

顾问会议的重要性

为了达到这个目标，大约 15 年前，我便开始在个体心理学中提倡“顾问会议”，它在维也纳及在欧洲许多大城市中，都已经被证实有相当的价值。有远大的理想和希望自然是件好事，但是如果没有找到合适的方法，空谈理想也是没有用的。经过这 15 年的实验之后，顾问会议获得了完全的成功，这是处理儿童问题并使儿童成为健全个人的最佳方式。当然，我相信假如顾问会议是以个体心理学为基础的话，它会更为成功。但是我也看不出有什么理由要反对它和其他学派的心理学家合作。我一直主张顾问会议应该和不同学派的心理学设立联合机构，然后再比较各学派所获得的结果。

在顾问会议的方法中，要由一位训练有素，对教师、双亲和儿童的研究有丰富经验的心理学家和某一学校的教师们一起讨论在教育工作中所遇到的问题。当他到学校时，教师便向他描述某一儿童的事例以及其特殊问题：这个孩子也许很懒，也许好争论、逃学、偷窃，功课落后。心理学家要介绍他自己的经验，并和教师展开讨论。孩子的家庭生活、性格和发展都应加以重视，发生问题的前因也必须特别注意。教师们应和心理学家一起研讨造成孩子发生问题的可能原因，和制订处理它的方法。由于他们都有丰富的经验，他们很快便能获得一致的结论。

在心理学家到校之日，孩子和他的母亲也都应该到校。在他们决定要怎样对孩子的母亲说话、要怎样才能影响她，并让她明了这个孩子失败的原因之后，再请母亲进来。母亲会透露出更多的问题，和心理学家互相讨论，然后由心理学家建议要采取什么措施来帮助这个孩子。母亲应该是很高兴有这种协商的机会，并很愿意合作的。如果她的态度游移不定，心理学家或教师可以举出类似的例子开导她，从其中引申出她可以用于孩子身上的各种结论。

最后，才将孩子叫进房间，让心理学家和他谈话，谈的不是他犯的过错，而是他眼前的问题。他要找出有助于这个孩子正常发展的想法和意见，以及他不注意而别人很重视的信念等等。他不能去责备孩子，只是和他进行一种友善的谈话，给他灌输另一种观点。假如他想提及孩子的错误，他可以将之置于一个假设中，征求孩子的意见。对这种工作没有经验的人，在看到孩子很快便能由坏变好时一定会非常惊讶。

曾经在这项工作上受到我训练的教师们，对如上的教育方法都很感兴趣，并觉得非常实用。这个方法使他们在学校中的工作更为有趣，同时也增加了他们努力获得成功的机会。没有人认为这种方法是一种额外负担，因为它经常在半小时内便解决了困扰他们经年累月的问题。整个学校的合作精神提高了，经过一段时间后，严重的问题也不再发生，只有一些微不足道的小毛病需要加以处理。教师们事实上都成了心理学家，他们已经学会了要了解人格的整体及其各种表现的一贯性。如果在日常教育中发生了什么问题，他们也能够应付自如。我们的愿望是：如果教师们都受了良好的训练，也就不需要心理学家了。

比方说，假如班上有一个懒惰的孩子，教师就应该为孩子们筹设一次关于懒惰的讨论会。他可以用下列题目作为讨论的题材："懒惰是怎么来的?""它的目的是什么?""懒惰的孩子为什么不肯改变?""它为什么非得改变不可?"

孩子们讨论后，可以获得一个结论。那个懒孩子自己可能不知道他就是这次讨论会的原因，但是这是关于他自己的，他会对它感兴趣，并从其中学到很多东西。如果他受到攻击，他必定会一无所获，但是假如他肯虚心聆听，他就会加以深思，进而改变自己。

没有人能够比在生活起居上不与孩子们在一起的老师更清楚地了解孩子们的心灵。他看到了孩子的许多层面，甚至和他们建立起交情。孩子在家庭生活中所造成的错误是会持续下去，还是被纠正过来，完全是掌握在教师手上。教师像母亲一样，是人类未来的保证，他的贡献是无法估量的。

第八章　青春期的引导

古往今来论说青春期的读物可谓多如牛毛，而几乎所有这方面的读物都把青春期当作是性格发生转折的危险时期。其实不然，青春期并不能真正的改变人格。它只是把正在成长中的孩子带入新的情境，去接受新的考验的过渡时期。

对每个孩子来说，走进青春期意味着告别孩提时代。我们也许可以设法让他相信这是件理所当然的事情。假如我们做到了这一点，这个情境中的紧张气氛便能消除许多。

心理与生理的引导

进入青春期，许多人会表现出独立性、思考性、男子气概（man hood）或女人作风（woman hood）等现象，而这些表现的方向取决儿童对“成长”的意义所持的看法。假如“成长”的意义是指将不受控制，孩子就会开始反抗各种拘束。有些孩子在这段时间开始学抽烟，用脏话骂人，或深夜不归；有些一向听话的孩子突然变得桀骜不驯，并出人意料地反对起父母来，以至于让父母亲深感不解；还有些表面听话的孩子也许一直对父母抱有反感，只有现在，他有了较多的自由和力量时才敢将他的敌意表现出来。有一个经常挨打受骂的孩子，在表面上显得安静而顺从，可是私下却在等待着报复的机会。当他觉得自己“羽翼丰满”后，便借机向父亲寻衅，先殴打了父亲，再离家出走。

大部分的孩子到了青春期都会拥有较多的自由和独立感。他认为自己长大了，父母亲不再拥有监护他的权利。假如父母亲想再继续监督他，他必定会更努力设法摆脱他们的控制。双亲愈是想证明他还是个小孩子，他愈是反其道而行之，结果便构成“青年反抗主义”（adolescent negtivism）的逆反状态。

我们无法给青春期定下严格的界限。它通常是由14岁左右到20岁，有些孩子在12岁时，便已经进入青春期了。身体的各部分器官在这段时间都在发生变化，有时候，它们的功能没有顺利协调。孩子们身高增长，手足加大，却可能不太灵活。这说明他们需要再训练这类器官的协调，在这过程中，如果受到别人的讥笑或批评，他们会相信自己真的是笨手笨脚。孩子的动作如果被人讥笑，他就会变得愈发笨拙。内分泌腺对儿童的发展也有影响，它们会促进其功能，然而这并不是从有到无或从无到有的全然改变，内分泌腺在出生之前便已经开始对人体起作用，但是现在它们的分泌增多，第二性特征也更为明显。男孩会开始长胡子，声音也变得粗哑。女孩的体形逐渐丰满，变得更女性化了。这些都是常常使青年人感到惶惑的事情。

迎向成人的挑战

对于成年期生活准备不足的孩子，在职业、社交、爱情和婚姻等各种问题一起逼近时，会觉得恐慌异常，诸如他找不到能够吸引他的工作，而认为自己终将一事无成；对于爱情和婚姻，他总是忸怩不安，遇见异性时，也会慌乱不知所措，假使异性和他说话，他会面红耳赤，无言以对；他会一天比一天地感到绝望，他对生活的所有问题都觉得厌烦，也没有人能理解他；他不注意别人，不跟他们说话，也不听他们的话；他不工作，也不读书，只终日幻想和进行一些粗鄙的性活动等。但是，这种病症其实只是一种错误而已。如果能够证明他走的途径不对，并指点出正确之途，他便能立刻痊愈。但是，从事这项工作并不简单，因为他的整个生活以及过去生活中所学的东西都必须被纠正过来。过去、现在和未来的意义都必须以科学的眼光重新予以检讨，不能只凭私人的臆想妄加臆测。

青春期的所有危险，都是由于对生活的三个问题缺乏适当的训练和准备所造成的。如果孩子们对未来心怀畏惧，他们自然会以不费力的方法来应付它。孩子们愈受到命令、告诫、批评，愈觉得彷徨、不知所措。我们只有多鼓励他，否则一切的努力都会徒劳无功。

有些孩子在刚步入青春期时反而会希望自己留在儿童时代，永远不要长大。他们甚至以儿语说话，和比他们小的孩子一起玩，装得像婴孩般的忸怩作态。但是，绝大多数的人都会竭尽所能仿效成人，他们模仿大人的姿态，满不在乎地花钱，调戏异性并做爱。在某些棘手的事例中，发现一些孩子还没有看清该用什么途径来应付生活的问题，便迫不及待地胡作非为，走上了犯罪的道路。这种情况尤其是在他少年时犯过罪，而又未被发现，自以为聪明得可以避尽天下人耳目时最容易发生。犯罪是从生活问题面前逃离的简捷方法之一，特别是在经济和生计问题面前。因此 14 ~ 20 岁的少年犯罪率在急剧地上升。在此，我们面临的并不是一种新的情境，而是较大的压力把儿童时期已经存在的犯罪暗流激发了出来。

在步入青春期的过程中，有许多孩子开始患上官能性疾病或精神失常症。每一种精神病的病症，都是不必降低个人的优越感，便能拒绝解决生活问题的借口。精神病症通常在一个人面临社会性的问题而又不准备以符合社会要求的方式来解决它的时候。青春期的身体对这种紧张特别敏感，所有的器官都会被它掀动，全部的神经系统也都会受其影响。器官的不舒适也可以作为犹豫和失败的脱身之词。在这类事例中，他不管是私下还是在他人面前，都会因为他的病痛而认为自己可以不必负担任何责任，这样便构成了精神病。每一个精神病患者都表现了最诚挚的意愿，他十分了解社会感觉和应付生活问题所需要的是什么，只有在他的病症里，他才能逃开这种普遍的要求。能够使他释下重负的是精神病本身。他的整个态度似乎在说："我也急着要解决我的问题，但是我的病却叫我无能为力。"这一点就是他和有目的犯罪的不同之处。后者经常是毫无顾忌地表现了自己的不良意愿，他对社会感觉也麻木不仁。我们很难决定它们哪一个对人类利益的损害较大。精神病症的动机虽很善良，但是撇开他的动机不谈，他的行动却讨人厌。因为他自私，有意要妨害别人。罪犯虽然不掩饰他的敌意，却要咬紧牙根压抑他的社会感觉。

青春期如何防微杜渐

许多青春期的失败者小时候都是被宠坏的孩子。从这点不难看出，尽管他们希望受众人宠顾，但随着年岁的增长，他们渐渐地不再是众人注意的中心了，因而常常责怪生活欺骗了他们。那些以前看起来天资不高的儿童，此时会赶过他们并表现出出人意料的能力。他们心中充满了新的构想和新的计划。他们的创造性生活开始弓上弦，剑出鞘，他们对人类活动各方面的兴趣也变得鲜明而热烈。独立的意义并不是要冒失败的危险，而是获得成就和奉献给别人的更广阔机会。

有许多人非常醉心于取得别人的赞赏。男孩子寻求别人的夸奖，那是很正常的事；而女孩子通常都比较缺少自信，她们把别人对自己的赞赏当作是证明她们价值的唯一方法。这种女孩子很容易落入善于阿谀的男人的圈套。有些女孩子觉得自己在家中不受赞赏，便开始和男人发生性关系，这不仅是要证明她们已经长大了，而且还因她们希望用这种方法来获得一种能够被赞赏和被注意的地位。

且让我举一例：有一个出身贫寒的 15 岁女孩子，她有一个哥哥，他从幼年时代起，便一直体弱多病，她的母亲不得不对他的健康格外小心。当她的女儿出生时，她也没能好好照顾她，况且，在她的幼年时代，父亲也卧病在床，他的病更占去了母亲原应照顾她的许多时间。因此，这个女孩子从小就了解被人照顾的意义是什么。她很在意这件事，一直盼望着能够得到照顾，但是她在家中却总是无法如愿。后来，母亲又生了一个妹妹，这时父亲虽然也痊愈了，母亲却又将全部心力转移到妹妹身上。结果，这个女孩子觉得自己是唯一没有受到爱和温情的人。她继续拼命奋斗。在家中，她是好孩子，在学校，她是好学生。由于她的成功，父母决定让她继续她的学业，把她送到一所在当地颇有知名度的高级中学去。最初，她不了解这所新学校的教育方法，她的功课开始赶不上别人，老师因此批评了她几句，她却觉得万念俱灰了，她急着要得到别人的赞赏。家里没人赞赏她，学校也是如此，她该怎么办才好？

她环顾四周，想找一个了解她的人。在几经尝试后，她终于离家出走，和一个男人一起生活了14天。她的家里对她的行为忧虑万分，到处寻找她。到一定时间后她又会后悔自己做出的荒唐事。于是她选择了自杀，她送了一张便条回家：“不要为我担心，我已经服了毒药，我很快乐。”事实上，她根本没有服毒，她之所以这样做，原因也不难了解。她的父母对她很慈爱，她觉得她还能博得他们的同情，所以她不自杀，只是等着母亲来找到她，把她带回家。假如这个女孩子知道她所追求的其实只是受人赞赏而已，那么这场风波就不会发生了。以往，这个女孩子的成绩一直是在班上名列前茅的，假如她高中的老师也了解这一点，假如他知道这个女孩子对“赞赏”二字相当敏感，他只要对她稍微加以注意，那么她的情况就不会如此悲惨了。

在另一事例中，一个女孩子出生在一个父母亲性格都很柔弱的家庭里。她的母亲一直想要个男孩，对这个女孩子的降生自然是大失所望。她一直很瞧不起女性的地位，她的女儿也难免受其影响，她不止一次地听见母亲对父亲说：“这个女孩子一点都不讨人喜欢，她长大后，一定没人会喜欢她。”“她长大后，我们该拿她怎么办呢？”在这种家庭中度过十几年之后，她看到了母亲的一个朋友写给母亲的一封信，信中为了她只有一个女儿而安慰她，并说她还年轻，将来总会有男孩子的。

我们可以想象这个女孩子会有什么感觉。几个月以后，她到乡下去拜访她的一位叔叔。在那里，她遇见了一个有些呆傻的乡下男孩，并且变成了他的情人。后来，她甩掉了他，但是他依旧对她一往情深。当我看到她时，她已经拥有一大群的男朋友，可是却没有哪一个人能令她称心如意。后来她来找我，是因为她现在患有焦虑性精神病，不敢单独一个人出门。当她对获取别人赞赏的某种方法觉得不满意时，她就会以自暴自弃的办法来“糟蹋”自己，现在，她是以身体病痛来让她的家庭为她感到烦恼，令别人对她束手无策。她哭泣，以自杀作为威胁，把家闹得鸡犬不宁。我们很难让这个女孩子认清她的处境，也很难让她相信这样的事实：她在青春期时，把设法脱离被轻视这件事看得太重了！

青少年时期的性欲

在青春期，男孩子和女孩子都会过分重视性关系，并加以渲染。他们希望证明他们已经长大了，结果却矫枉过正。假如一个女孩子相信自己一直受着母亲的压迫而企图反抗，她就很可能任意和她遇上的男人发生性关系，并以此作为反抗的手段。她根本不在乎母亲知不知道，其实，假如她能叫母亲为她担心的话，她才高兴呢！因此，我经常发现有些女孩子在和父母争吵过后，便跑到街上，和她遇见的第一个男人发生关系。这些女孩子以前一直都被认为是很乖的，她们的教养很好，没有人料想到她们会做出这种行为。我们能够理解这些女孩子并不是真的罪恶深重，她们只是觉得自己是处于卑下的地位，因而不得不采取办法获取较优越的地位。

有许多被宠惯的女孩子发现自己很难适应女性的角色。在我们的文化中，有一种根深蒂固的观念或思潮，认为男性总比女性优越，结果她们便不喜欢身为女性，而表现出所谓的“对男性的钦羡”。对男性的钦羡可以表现在许多种不同的行为里。

女孩子小时候虽然也喜欢男人，可是和他们在一起时却忸怩不安，说不出话来。她们不愿意参加有男人的集会，面临性的问题时，也惶恐不安。当她们年岁渐增时，她们口里虽然说自己也急着想结婚，但是却完全没有行动表现，她们不接近异性，也不和他们为友。有时，我们发现对女性角色的厌恶在青春期会表现得更为激烈。女孩子的举止比以往更带有男孩子的气息。她们希望模仿男孩子，并且发现要在他们的罪恶劣迹，如抽烟，喝酒，说脏话，成群结党，放肆滥交等方面模仿他们，实在是轻而易举。

她们对自己行为的解释经常是：假如她们不这样做的话，男孩子们就不会对她们感兴趣了。当对女性角色的厌恶更进一步发展的时候，她们会发展成同性恋，卖淫，或产生其他类似种性欲倒错。所有的妓女从生活的早年起，就有一种根深蒂固的想法，认为没有人喜欢她们，她们相信自己是天生要扮演低贱角色的，她们永远无法赢得任何男人的真情和兴趣。我们不难了解，在这种环境下，她们是多么容易自暴自弃并轻视自己的性别角色，认为它只不过是一种赚钱的工具而已。对女性角色的厌恶并不是在青春期才产生的，我们发现，这种女孩子从她儿童时代起，便讨厌自己身为女孩子，只是在儿童时代，她们没有表现出这种厌恶的需要和机会罢了！

并不是只有女孩子才会有“对男性的钦羡”。所有把身为男性的重要性过分高估的女孩子，都会把男性化当作是一个理想，而怀疑自己是否足够强壮。在我们文化中对男性化的强调也会使男孩子发生和女孩子同样的困难，尤其是他们对自己的性别角色十分肯定的时候。有些小孩子长到相当大的时候，对自己的性别可能发生改变一事还半信半疑，因此，从两岁起，我们就应该让孩子们很清楚地知道他们是男孩子，还是女孩子。有时候，外表长得像女孩子的小男孩，也会有一段特别“女人气”的时光。陌生人常常会看错他的性别，即使是家里的朋友也可能对他说：“你实在应该是个女孩子。”这种孩子很可能把自己的外表当作是一大缺憾，并且认为爱情和婚姻的问题是对自己的严重考验。对扮演自己的性别角色没有信心的男孩子，在青春期间，会有模仿女孩子的现象，他会变得带有脂粉气，并拥有被宠坏女孩子的恶习，如搔首弄姿，装腔作势，乱发小姐脾气等等。

即使是对异性的态度，也是在人生最初的四五年之间奠下基础的。性的驱动力在襁褓时代的最初几个星期便已经相当明显，但是在它能作出适当的表现之前，却没有哪种东西能激发它。假如它不受刺激，它的出现必定是自然的事情，我们不必大惊小怪。例如，婴孩一岁之时，我们看到他有区域的性激动征象，也不用害怕。我们应该用我们的影响力向这个孩子争取合作，让他不要只对自身发生兴趣，而要多注意环境。假如这种自渎无法阻止的话，那又是另一种情况了。这时，我们可以断定这个孩子别有用意。他不是性驱力的牺牲品，而是有意利用它来达成自己的目的。通常，这类小孩子的目标是吸引别人的注意。他们能够感到父母的惊讶和害怕，也知道如何捉弄父母。如果他们的习惯不能再达成吸引别人注意的目的，他们就会将之放弃。

我曾经强调，不应给孩子们身体上的刺激。父母们大都是疼爱他们孩子的，他们的孩子也很喜欢他们，为了表示爱与关心，他们总是搂抱或亲吻孩子。其实这不是正当的方法。此外孩子们在心灵上不应该受刺激。有些成年人在回忆童年时告诉我，在他们父亲的书房中看到了某些露骨图书或这类影片从而引起了某种感觉。他们实在是不宜看这种图书或影片的。

另外，许多人教给孩子们不必要和不合宜的性知识。有许多成年人似乎有一种散播性知识的狂热，他们生怕别人长大后对这方面仍然一无所知。假如我们回顾自己的过去或研讨别人的历史，我们宁可等待孩子开始好奇而想知道这方面的事时才告诉他们。如果父母对孩子相当留意的话，就能了解他的好奇心，并以他能够吸收这类知识的方式回答他。

还有，父母在孩子面前最好也应避免过分亲密的表现。如果可能的话，孩子应该不要和父母睡在同一个房间里，或同一张床上，也不要和哥哥、姐姐同一个房间。父母对其子女的发展应该密切注意，不能掉以轻心。如果他们对孩子的性格和目标没有认识，他们就无法知道孩子有哪些地方能够受人影响，或要用什么方式才愿受人影响。

一般而言，人类发展的各个阶段都会被赋予各种意义。例如，大部分人对于更年期的态度即是如此。然而，阶段只是生活的连续，它们的现象也没有什么特别的重要性。重要的是个人在阶段中所期待的是什么，赋予它的意义是什么和他学会面临它的方法。然而青年们却相信：青春期是一切事物的终结。他们所有的价格和尊严都已失去。他们已不再有合作和奉献的权利。青年人的所有困难都是从这些感觉发展出来的。

如果这个孩子已经学会把自己当作和社会上任何人平等的一员，尤其是将异性看作平等的友伴，那么青春期只是给他一个机会，让他开始对成年人的生活问题作出独立而有创造性的解答。如果他对这些观念的认识程度比别人低，对环境抱有错误的看法，那么，一旦自由了，他就不知何去何从了。

第九章　犯罪及其预防

犯罪心理透析

个体心理学让我们了解了人类的各种不同类型。但是，人类彼此之间的差异其实并不是这么显著。我们发现：罪犯和问题儿童、精神病患者、精神病患者、自杀者、酗酒者、性欲倒错者所表现出的失败，都是属于同一种类的。他们都是在处理生活问题上失败了，特别是在一个令人注意的固定点上，他们全都陷入了失败；他们每一个人都缺乏社会感，对同胞漠不关心。

要了解罪犯，还有另一点是很重要的。我们都希望克服困难。我们都努力着在未来达成一个目标，实现了它，我们将会觉得强壮、优越、完美。杜威（Dewey）教授把这种倾向称为对安全的追求，这是非常正确的。还有人称之为对自我保全（self - preservation）的追求。但是，不管我们如何称呼它，我们总可以发现人们努力地争取由卑下的地位升至优越的地位，由失败到胜利，由下到上。因此，当我们在罪犯中也发现同样的倾向时，我们不必惊讶。罪犯的各种活动和态度都显现出他是在解决问题，克服困难，努力争取优越。他和别人的不同之处只是他所追求的方向错误。因此，他们的行为是十分不明智的。这一点必须特别强调。

许多人认为罪犯是异常的人种，例如有些科学家们断言，所有的罪犯都是心智低能者。还有些人特别重视遗传，他们相信罪犯生来就是注定要犯罪的。另外还有人主张罪恶是环境所造成的，是不能改变的。现在已经有许多证据足以反驳这些意见，而且我们也必须体会到，假如我们接受了它们，解决犯罪问题的希望便荡然无存了！在我们有生之年，我们必须消除掉这种人间悲剧，而不该仅仅无可奈何地说："这些都是遗传搞的鬼，我们一点办法也没有！"

不管环境还是遗传都不是主导因素。同一个家庭同一个环境下的儿童，可能依完全不同的方向发展。有时候，罪犯可能出身于清白的家庭，有时候，在经常有人出入监狱或感化院的犯罪世家中，我们也会发现品行好的儿童。许多犯罪心理学家都解释不出为什么有的窃贼在到了30岁后，竟然会改邪归正，成为一个好公民。假如犯罪是一种先天的缺憾，或是在环境中注定要发生的，那么这些事实便无法理喻。然而，从我们的观点来看，它们却毫无难解之处。也许个人的处境已经变得较为优越，对他们的要求减少了，他们生活样式中的错误也不再有出现的必要。或者，他也许已经得到了他所要之物。最后，他还可能迈入老年，他的骨骼僵硬得不能再飞檐走壁，梁上君子这一行是难以为继了。

在作更进一步的讨论之前，我希望先澄清"罪犯都是疯子"的观念。虽然有许多精神病患者也会犯罪，但是他们的罪却是属于完全不同的类型，他们的犯罪是完全不了解自己和用错误的方法对待自己的结果，我们并不认为他们应该对自己所犯的罪负责。同样，我们也应该撇开心智低能的罪犯。真正的罪犯是那些在背后主谋的人。他们描绘出一幅美丽的远景，激起了心智低能者的幻想或野心，唆使他们成为牺牲品去执行犯罪计划，冒受惩罚的危险。当然，经验老到的罪犯唆使青年人犯罪，情况亦是如此。老于此道的罪犯拟好了犯罪计划，再哄骗年轻的去当执行者。

罪犯的目标总是在追求属于他私人的优越感。他所追求的，对别人一点贡献都没有，他也不和别人合作。这就是犯罪行业最显著的一面。现在我所要谈的是：假使我们要了解一个罪犯，我们要寻出的要点是他在合作中失败的程度和本质。罪犯之间的合作能力是各不相同的，有的缺乏得很严重，有的则较轻微。例如，有些人约束自己只能犯小罪恶，其他人则宁可犯滔天大罪。他们有些是主谋，有些是从犯。为了了解犯罪的种种不同，我们必须更进一步地检讨个人的生活模式。

个人典型的生活模式是很早便建立起来的。因此，我们不能认为改变它是件容易的事情。只有了解自己在建造它时所犯的错误，它才能改变过来。所以，为什么有许多罪犯虽然被惩罚过无数次，受尽侮辱和轻视，并丧失社会生活的各种权利，却仍然我行我素，一再地犯下同样的罪行。当然，在经济萧条负担加重时，犯罪率会升高。然而，这并不足以证明经济困难竟会导致犯罪。它只表示人们的行为受到限制。有许多人在优越的环境下不犯罪，但是当生活中产生太多他们无法应付的问题时，他们就开始犯罪了。最重要的是生活的模式，也就是应付问题的方法。

从个体心理学的这些经验中，我们最少可以获得一个简单的结论：罪犯对别人都不感兴趣。

个体心理学把生活的问题分成三大类。第一类是和其他人之间关系的问题，也就是友谊问题。罪犯们也有朋友，但他们不能和正常社会的一般人为友。

第二类是和职业有关的各种问题。许多罪犯认为工作是辛苦的，他们不愿意像其他人一样和困难搏斗。有用的职业蕴含了对他人的兴趣和对他们幸福的贡献，这正是罪犯人格中所缺少的，所以罪犯对解决职业问题都没有良好的准备。但是，我们应该把他看作是没有学过地理的人在参加地理考试一样。

第三类是爱情问题。美好的爱情生活中，对配偶的兴趣和合作是同等重要的。令人奇怪的是：被送进感化院的犯人，在入院之前，有半数患有性病。这个现象显示：他们对爱情问题用的是一种简单的解决方法。他们把爱侣当作是一宗可以购买的财产。对这种人而言，性生活是征服，是占有，而不是生活中的伴侣关系。“如果不能随心所欲地得到我想要的东西，”有许多罪犯说道，“生活还有什么意思?”

现在，我们可以开始矫治罪犯了。我们必须教之以合作之道，只在感化院里鞭打他们是没有什么用的，这一点不言而喻。社会是绝对无法将罪犯完全隔离开的，他们也不适于过社会生活。那我们该怎么办?他们既不是愚笨，也不是心智低下。如果我们接受了他们错误的个人优越感目标，那么他们的结论大部分都是正确的。也许有个罪犯会说：“我看到一个人有条很棒的裤子，而我却没有，所以我要杀死他!”现在，假使我们也承认他的欲望都是很重要的，而且又没有人要求他以有用的方式谋生时，他的结论便是很明智的，可是却太缺乏常识了。最近，在匈牙利闹过一宗刑事案件。有几个妇人用毒药犯下了许多谋杀案。当她们之一被送进监狱时，她说：“我的儿子病得奄奄一息，我只好毒死他。”如果她不愿意再合作了，除此之外，她还能做些什么？她是很清醒的，但是她却有一种不同的统觉表（scheme of apperception），对事情有不同的看法，对自己的重要性和别人的重要性也有一种错误的估计。

但在考虑他们的缺乏合作精神时，这一点却不是最主要的。罪犯全部都是懦夫。他们逃避着他们觉得自己的能力不足以应付的问题。我们可以在他们面对生活的方式中和他们所犯的罪行里看到他们的懦弱。罪行是懦夫模仿英雄行径的表现。他们在追求着一种自己幻想出来的个人优越感目标，他们以为自己是英雄，其实这又是一种错误的统觉表，也是缺少常识的表现。当他们觉得自己击败了警察时，他们虚荣心和骄傲感会增加。所以他们常常会想：“我是绝不会被逮到的。”假使对每一个罪犯的生涯作一仔细的探讨，我相信一定会发现他曾经犯过的许多罪行。这是件非常讨厌的事。当他们东窗事发时，他们会想：“这次我有哪些地方失策了，下回一定要干得干净利落点！”假使他们成了漏网之鱼，他们会觉得自己已经达到了目标，他们洋洋得意地接受同伴的祝贺和赞赏。

我们必须改变罪犯对其勇气和机智的评断方法：我们可以在家庭、在学校或在感化院里做到这一点。以后，我会再描述它的要点。现在，我要进一步讨论能造成合作失败的环境。有时候，我们必须把这个责任让父母来担负。也许母亲技巧不够，不能使孩子和她合作；或许在不愉快的婚姻或破裂的婚姻中，母亲很可能不希望让孩子的社会兴趣扩展到包括他的父亲在内的其他人。此外，这个孩子可能一直觉得自己是家庭中的霸王，到他三四岁的时候，另一个孩子出生了，他从王位上被逐了下来。这些都是必须被列入考虑的因素。而且，假使你追溯罪犯的生活，你大概会发现他的麻烦从他早年的家庭经验中便已经开始了，具有影响力的并不是环境本身，而是孩子对其地位的误解。

假使有一个孩子在家庭中特别杰出或天赋特别高，就会获得更多的注意，其他人则因此拒绝合作，丧失了足够的信心。罪犯、精神病患者或自杀者多半是这类人。

缺乏合作精神的孩子上学的第一天，我们就能从他的行为中看出其缺点。他无法和其他的孩子交朋友，也不喜欢老师，上课时漫不经心。如果老师不了解他，他可能会遭受新的打击：既会受尽冷嘲热讽，又得不到谆谆教导和鼓励，老师也不会向他传授合作之道。无疑，他的勇气和自信时时都会受到新的打击，他自然不可能对学校生活感到兴趣。渐渐地，他对别人的兴趣日复一日地丧失，他的目标也移向没有用的方面。

贫穷也很容易使人对生活产生错误的理解。出身贫寒的儿童在家庭之外可能会遭到社会的歧视。他的家庭终日在愁云笼罩中和生活搏斗；他自己就需要赚钱帮助家计。以后，当他看到许多有钱的人过着奢侈的生活并能随心所欲购买东西时，他会觉得他们享受的权利不应该比他多。这就是在贫富悬殊的大都市里犯罪案件特别多的原因，妒忌绝不会产生有用的目标。在这种环境中的儿童很容易发生误解，以为得到优越感的方法就是对金钱的不劳而获。

自卑感也可能集中在身体的缺陷上。这是我自己的发现之一。由于这一点，我竟然也替神经学和精神病学中的遗传理论作了开路先锋，这真是不无遗憾。但是，最初我在写由身体引起自卑感和其心灵上的补偿作用时，我便已经料到这种危险了。这种自卑感的产生不应归咎于身体，而应责怪我们的教育方法。如果我们用的方法正确，身体有缺陷的儿童对别人和对自己都会感兴趣，假如没有人在旁边帮助他们发展对别人的兴趣，他们便会只关心自己。当然有许多人是真的患有内分泌腺缺陷，但是我们却很乐于澄清。事实上，我们绝对无法说出某种内分泌腺的正常作用应该是什么样子的。所以，如果我们要找出正确的方法来使这些孩子成为良好的公民并且有和其他人合作的兴趣，就必须撇下这个因素。

不能在孤儿之间建立起合作精神，简直是我们文明的奇耻大辱。私生子也是如此——没有人挺身而出来赢取他们的情感，并将之转移到全体人类上。被遗弃的孩子经常走入犯罪之途，尤其是当他们知道没有人要他们的时候。在罪犯之间，我们也经常发现容貌丑陋的人，这个事实曾经被用来证明遗传的重要性。但是，请设身处地地想一想：容貌丑陋的人会有什么感觉！他是非常不幸的。也许他是不同种族的混血儿，没有吸引人的外貌，遭受社会的偏见。如果这一类的孩子长得很丑，他的整个生命都承受着重担，他甚至没有我们每个人都最喜欢的欢乐和美好的儿童时代。但是，假如用正确的方法来善待这些孩子，他们是会发展出社会兴趣的。

还有一件有趣的事实是：在罪犯之间，有时候我们也会发现英俊潇洒的男孩或男人。假若前一类型的人可以被认为是不良遗传的牺牲品，天生就带有身体上的缺陷——如手残、兔唇等等，对这些英俊的罪犯，我们又该怎么说呢？其实，他们也是生长在一个很难发展出社会兴趣的情境里。他们是被宠坏的孩子！

罪犯的两种类型

罪犯可以区分成两种类型。有一种人不知道世界上还有所谓的同胞感（fellow – feeling），对它也完全没有经验。这种罪犯习惯于把每一个人都当作敌人看待。因此，他根本不能发现有人欣赏他。另一种人则是被宠坏的孩子。犯人经常埋怨说："我会有今天的下场，都是因为我的母亲把我惯坏了。"对这一点，我们应该再详加讨论，但是我之所以在这里提起它，只是要强调：尽管罪犯所受的教养和训练都不相同，他们却都没学会合作之道。父母们可能也想把他们的孩子教育成良好的公民，可是却不知从何下手。如果他们整天板着脸，事事吹毛求疵，他们一定没有成功的机会。如果他们骄纵他，让他成为舞台上的主角，他就会只因为自己的存在，便觉得自己很重要，而不愿意作任何创造性的努力以博取同类的赞扬。因此，这种孩子会失掉奋斗的能力，他们一直希望有人来注意他们，也一直期待着某些事情的到来。如果他们找不到可满足他们的简单方法，他们就会开始责怪环境。

现在，让我们研究几个个案，尽管这些个案的内容并不是为这个目的而写的。我要讨论的第一个个案是从卢克夫妇（sheldon and Eleanor T. Glueck）合写的《五百种犯罪生涯》一书中选出来的"棘手约翰"的个案。这个男孩检讨他的犯罪生涯的来由时，说："我从没有想到我会这么自甘堕落。一直到十五六岁，我和别的孩子都是一模一样的。我喜欢运动，也从图书馆借书来看。生活井井有条。后来，父母给我退学，要我去工作，并且把我的薪水全部拿走，每个礼拜只给我 50 美分。”

这些话都是他的控诉。如果我们问他和父母之间的关系，如果我们能够看到他的整个家庭情境，我们就能发现他真正体验到的是什么。目前，我们只能断定：他的家庭是不太和谐的。

“我工作了将近一年，然后我开始和一个女孩交往。她很喜欢玩。”

在罪犯的生涯中，我们经常发现他们把感情寄托在一个喜爱玩乐的女子身上。请回想一下我们所提过的——这是一个合作程度的问题和考验。他和一个喜好玩乐的女孩子交往，可是他每星期却只有 50 美分零用钱。我们不认为他这样做真的能解决爱情问题。他应该知道天下还有许多其他的女孩子。在这种情况下，假如是我，我会说：“如果她生性喜玩乐，那么她就不是我想要的女孩子！”可是，每个人对生活中什么东西最重要的，估计却是各不相同的。

“这年头，只凭一个礼拜 50 美分，你是根本不能让女孩子玩得痛快的。老头子又不肯多给我一点。我难过得很，心里总是念念不忘：我要怎样才能多赚一点？”

常识会告诉他：“你应该更加努力，多赚一点钱。”但是他却想不劳而获，也希望讨好这个女孩子来使自已高兴，其余都不管了。

“有一天我遇见了一个人，很快我们就混熟了。”

遇见陌生人是对他的另一次考验。有正当合作能力的男孩子，是不可能被引诱动心的。但是这个孩子的处境却很可能使他接受诱惑。

“他是‘老大’［换句话说，就是资格很老的窃贼。他聪明能干，精通此道，而且“肯和你分享成果，又不会用卑鄙手段害你”］。我们一起干了几宗生意都顺利得手了。以后我就很熟练了。”

我们还知道，他的父母有一栋房子。父亲是一家工厂的领班，只有周末他们才能全家团聚。这个男孩家里有三个小孩，在他误入歧途之前，他们家里人从没有犯罪的记录。我很想知道主张遗传的科学家对这个个案会有什么样的解释。他还承认：他在 15 岁时，便开始和异性发生性关系了。我敢断言有些人一定会批评他好色。但是这个孩子对别人并没有兴趣，他只想使自己快乐。纵情色欲是任何人都能做到的，它并没什么困难。这孩子就是想在这方面寻求别人的欣赏——他想成为征服异性的英雄。16 岁时，他和一个同伴因为闯入私人住宅行窃而被捕了。他在别方面的兴趣也能证实我们所说的观点。他希望在容貌上压过别人，以吸引女孩子的注意。他替她们付钱，希望能赢得她们的芳心。他戴着一顶宽边帽，领部系着一条红色的大手帕，皮带上插着一把左轮枪，并取了一个“西部不法之徒”的外号。他是个虚荣心很强的男孩，想表现出英雄作风，但又没有其他的方法。控诉他的各种罪名，他全部一口承认了：“其他还多得很呢！”他完全不顾及别人的权利。

“我不认为生命有什么活下去的价值。对于一般所谓的人道，我除了最彻底的轻蔑外，就一无所有了。”

这些思想其实全部是潜意识的。他不了解它们，他也不知道它们连贯起来后的意义是什么。他觉得生命是一种负担，但是他却不明白自己为什么这么气馁。

“我学会不相信别人。大家都说贼不互偷，其实没这回事。我曾经有个伙伴，我对他仁尽义至，他却在暗中害我！”

“如果我有了足够的钱，我也会像平常人一样正直。我的意思是说：我要有足够的钱可以任意花，而不必工作。我不喜欢工作。我讨厌它到极点，以后我也绝不工作。”

我们可以把这最后一点转释如下：“该对我误入歧途负责的是压抑。我强迫着要压抑下自己的希望，结果才成了罪犯。”这一点是值得深思的。

“我从来没有存心要犯罪。每当我开车到某一个地方的时候，自然就有某些东西会来招惹你，让你心痒难熬，结果只好把它带走了。”

他相信这是英雄行径，绝不承认它是一种懦弱的表现。

“我第一次被捕时，身边还有价值4000美元的珠宝。但是我实在想不出有什么事是比找女朋友更痛快的，所以想卖点现金去看她，结果他们就抓到我了。”

这种人在女友身上大把地花钱，轻易地赢取了她们的好感。他们都认为这是一种真正的胜利。

“监狱里有各种学校，我要在这里尽我所能地接受教育——我不是要洗心革面，是要把自己变成社会上更厉害的人物！”

这种态度表现出对人类的极度痛恨。不仅如此，他根本是不希望人类生存的。他说：

“如果我有孩子的话，我一定要绞死他！你想我会罪恶深重到把一个人带进这世界里来吗？”

现在我们应该怎样感化这样的人？除了设法增进他的合作能力，并让他明白他对生活估计的错误所在以外，别无他法。我们只有追溯出他儿童时代最早的误解时才能设法劝服他。在这个案例中，我对这方面一无所知。它并未描述我所认为的要点。如果一定要我猜测的话，我会猜他是长子，最初像平常长子一样地受尽宠爱，之后，因为另一个孩子的出生，使他觉得权位尽失。假使我的猜测正确，你会发现：诸如此类的小事都可能妨碍到合作的发展。

约翰还说，当他被送入工业感化学校后，在那里受尽虐待，离开时，心里充满了对社会的强烈仇恨感。对这一点，我必须说几句话。从心理学家的观点看来，监狱中的粗暴待遇就是一种挑战，是对强韧性的考验。同样，当犯人们不断听到“回头是岸，重新做人”时，他们也会把它当作是一种挑战。他们要成为英雄，因此他们非常乐于接受这一类的挑战。他们把它看成一种比赛：他们觉得社会在挑逗着他们，他们必须坚强地撑到底。如果一个人以为他正在和全世界作战，还有什么事比挑战更能惹火他？在问题儿童的教育里，向他们挑战也是最大的错误之一。“我们看看谁比较强！我们看看谁撑得久！”这些儿童和罪犯一样，都沉迷在要成为强者的观念里。如果他们够聪明的话，他们也会知道自己是可以脱离这种观念的。感化院里常常对犯人们提出种种挑战，这是最恶劣的做法。

现在我想给你看的是一个谋杀犯的日记。他残酷地谋杀了两个人。在犯案之前，他把自己的意向都写了下来。这部日记给了我一个机会，让我能描述在罪犯心中进行的计划。没有哪个人在犯罪之前是没有计划的，在计划之时，他们对自己的行为必然会找出一个合理的解释。在这一类的自白书中，我从没有发现过把自己的罪行描述得简单明了的例子，也从没有发现过不想替自己行为辩解的犯人。在此，我们可以看出社会感觉的重要性。即使是罪犯，也会想和社会感觉协调一致。同时，他在犯案之前，还要先突破社会兴趣的厚墙。因此，在陀思妥耶夫斯基（Dostyevsky）的小说中，拉斯科尔尼科夫（Raskolnikov）在床上躺了两个月，考虑着他是否该去犯罪。最后他用这个想法鼓起了勇气："我是拿破仑，还是一只虱子？"罪犯们经常用这一类的想象来欺骗自己，鼓动自己。其实，每个罪犯都知道他不是在过着有用的生活，他也知道什么是有用的生活。然而，由于懦弱之故，他却对它置之不理。他之所以懦弱，是因为他缺乏成为有用人才的能力。生活的问题都是需要和人合作才能解决的问题，可是他却对合作之道一窍不通。

下面都是从这部日记中摘录出来的句子：

"认识我的人都背离我了，我讨人厌，我惹人嫌，我是众人侮辱的目标（他显然很爱面子）。我巨大的不幸几乎要把我毁灭。没有什么东西值得我留恋，我觉得我无法再忍受下去了。我应该听天由命、任人宰割，可是吃饭的问题怎么办呢？肚皮可是不听指挥的啊！"

他开始在寻找脱身之词了。

"有人预言我会死在绞刑架上。但是话又说回来，饿死和死在绞刑架上又有什么区别呢？"

在一个个案里，有个母亲对他的孩子预言道："我知道有一天你一定会勒死我！"当他 17 岁的时候，果然勒死了他的妈妈。预言和挑战是有同样作用的。

"我顾不得后果了。无论如何我总要死的。我一无所有，别人也使我无可奈何。既然我想要的女孩子都对我避而不见了……"

他想要勾引这个女孩子，可是他既没有体面的衣裳，又没有钱。他把这个女孩子看作一宗财产，这就是他对爱情和婚姻问题的解决方法。

"我也只好拿出同样的手段，设法把她俘虏，否则我就彻底灭亡！"

这种人都喜欢采取激烈的极端主义。他们像小孩子一样，或者得到每一件东西，或者什么东西都不要。

“星期四我就孤注一掷了。祭品也已经选下，我在静待着时机的到来。当它来临时，发生的将是件没有人干得了的事。”

他是自己心目中的英雄：“它一定惨绝人寰，不是每一个人都做得出来的。”他带了一把小刀，杀死了一个大惊失色的人。这真不是每一个人都做得出来的事！

“像牧羊人驱策羊群一样，肚子也驱策着人们去做最黑暗的罪行。可能我再也看不到太阳升起了，不过我不在乎。最可怕的事情就是饥饿的痛苦。我已经受够这种痛苦的煎熬了。最后的苦恼将是接受他们的审判。犯了罪当然要付出代价，不过死亡总比挨饿好。如果我饿死了，没有人会注意到我。可是，现在有多少人会注意我！也许有些人还会为我一掬同情之泪。我已经下定决心了，我必须干！没有一个人曾经像我今夜这么彷徨、这么害怕过。”

毕竟他不是如他自己所想象的英雄！在审讯时，他说：“虽然我没有击中他的要害，我还是犯了谋杀罪。我知道我是注定要陈尸绞刑架了，遗憾的是别人穿的衣服都那么漂亮，而我却一辈子都没穿过像样的衣服。”他不再说饥饿是他的动机了，现在他关心的倒是衣服。“我不知道我到底做了什么事。”他辩解道。罪犯辩解的方式内容或许各有不同，但是他们总会来这么一手。有时候，罪犯在犯案以前会先喝酒以推卸责任。这些都证明了他们要如何努力才能突破社会感觉的厚墙。在每一个对犯罪生涯的描述中，我相信都能发现这点。

重述合作的重要性

现在我们面临真正的问题了，我们该怎么办呢？如果我的说法正确，我们都能从个案中看到缺乏社会兴趣而又未学会合作之道的个人在追求着虚假的个人优越感。对待罪犯就像对待精神病患者一样，除非我们在赢取他们合作一事上能获得成功，否则我们就一筹莫展。然而，我却不能过分强调这一点。假如我们能使罪犯对人类的幸福产生兴趣，假如我们能使他们对其他人感兴趣，假如我们能教会他们用合作的方法来解决生活的问题，那么什么问题都没有了。如果我们做不到这些，我们就什么事也办不了。这项工作并不像看起来那么简单。我们不能让他做简单的事情来争取他，当然我们更不能要他做他做不了的艰难事情。我们也不能指出他的错误，并和他发生争辩，他的意志是很坚定的。他用这种方式来看这个世界已经有许多年了。如果我们要改变他，我们必须找出他行为模式的根基以及造成此种失败的环境。他人格的主要表现在四五岁的时候便已经决定了。他在罪犯生涯中表现出来的对自己和对世界估计的错误，也是在这个时候形成的。我们必须加以了解和纠正的也就是这些原始的错误。

之后，他会凭借自己的态度来解决他所体验到的每一件事。假如有个人说“天下人都在侮辱我，亏待我”，他就会发现许多能坚定信心的论据，且拼命搜寻这一类的证据，除此以外，则漠然处之。罪犯只对自己的观点感兴趣且有自己的生活方式。如果我们不能获得他的各种体验的隐含意义，或者他的态度产生的最初方式的话，我们就不能劝服他。

这就是严刑厉罚总是不生效的原因。例如，老师对某个学生进行体罚，不仅不能鼓励他与别人合作，反而让他感到失望，结果不是成绩每况愈下，就是破罐子破摔。

有什么人会对一个经常可能受到责备和惩罚的地方培养出兴趣呢？在这种情况下，孩子会信心全失，他对学校的工作、老师、同学再也不会感兴趣。他会开始逃学，四处游荡，寻求隐匿之所。一些和他有同样经验又走上同样道路的孩子不但不责怪他，反倒恭维他，并燃起他的野心，让他把希望寄托在生活中毫无用处的方面上。就这样，许许多多的孩子加入了犯罪集团。

这种孩子是完全不应被生活的考验击垮的。我们不应该让他们丧失希望。假如我们在学校中能培养孩子们的自信和勇气，我们便能更有效地防止这一点。以后，我们将对这种主张作更详尽的讨论。现在我们只是利用这个例子来说明：罪犯如何一贯地把惩罚看作是社会与他作对。

严刑厉罚不生效果，还有其他原因。有许多罪犯并不十分珍爱他们的生命。他们之中有些人在生命的某些时刻几乎是在自杀边缘徘徊。他们沉迷在击败警察的欲望里，一心一意地要证明警察对他们也无可奈何。他们把很多事物都当作是挑战，这就是他们对这些挑战的反应之一。如果警察严格苛刻，如果他们受到苛刻待遇，他们必然会拼死抵抗到底。他们将和社会的接触看作是一种连续不断的战争而竭力想在其中获得胜利；假如我们也抱着同样的看法，那是正中其下怀。即使是电椅也可以作为这一类的挑战。罪犯们好像把这当作赌博，赌注愈高，他们想表现自己技艺超群的欲望愈强。有许多罪犯之所以犯罪，都只是为了这个原因。被判处极刑的犯人经常会懊悔他们为什么没能逃过警探的耳目："我要是没掉下那块手帕就好了！"

我们唯一的补救方法就是找出罪犯在儿童时期所遭受的对合作的妨碍。在此，个体心理学为我们在这片黑暗大陆上投下了一片曙光。个体心理学认为，在5岁左右，儿童的心灵就成为一个整体：他人格的许多线脉都汇聚在一起了。遗传和环境对他的发展也会有所影响；但我们对孩子带了些什么东西到这世界上来以及他所遭遇的经历，并不十分了解。我们注意的是他利用它们的方式，他对它们有何种看法，以及他因为它们而达到的成就。了解这一点是相当重要的，因为我们对遗传的能力或无能其实是一无所知的。我们必须考虑的是他所处情境的各种可能性以及他把它们运用至何种程度。

培养对别的儿童的兴趣是非常重要的。有时候，一个孩子若是成了妈妈的心肝宝贝，别的孩子便不大愿意和他交朋友。当他对这种情况发生误解时，它就很容易成为犯罪生涯的起点。假如家庭中有一个杰出的天才，在他前后的孩子经常则会成为问题儿童。例如，次子长得很讨人喜欢的时候，他的哥哥就会觉得自己光彩尽失。于是他会到处找寻证据来证明他被人忽视。他的行为开始反常，他因此受到严厉的管束，结果他更相信自己是被塞上冷板凳了。由于他觉得受到别人的剥削，他会开始偷窃；被发现后，又饱受惩处，这样一来，他不被人所爱以及人人都在和他为敌的证据便更多了。

当父母在子女面前抱怨生活艰难、世道险恶时，他们也会妨碍其社会兴趣的发展。假如他们老是指责他们的亲戚或邻居，老是批评别人并显露出对别人的恶意和偏见，也会发生同样的事情。无疑的，孩子们长大后，对其同胞的为人会产生出歪曲的看法，如果他们因此转而反对他们的父母，我们也不必感到惊讶。孩子的社会兴趣一旦受到阻碍，剩下来的就只有自私的态度了。这种孩子会觉得："我为什么该替别人效力?"而且，当他用这种态度无法解决生活的问题时，他会犹豫不决，他会认为和生活搏斗是相当艰难的事，假如他伤害了别人，他也毫不在意。

从下面的几个例子中，你可以分析出罪犯的发展模式。在一个家庭里，第二个儿子是问题儿童，他身体十分健康，也没有遗传性的缺陷。他的哥哥是家里的宠儿，他始终像在参加一项比赛要打败他的对手一样，时时想赶上他。他的社会兴趣完全没有发展出来——他对母亲的依赖非常之深，并且想尽其所能地向她索取每一样东西。在和他的哥哥竞争时，他觉得非常棘手：他的哥哥在学校总是名列前茅，而他则是班上最后几名。他想要驾驭别人的欲望是非常明显的，他在家中老是对一位老女仆发号施令，像士兵一样地训练她。这位女仆很喜爱他，因此在他 20 岁之时，她仍然让他过着扮演将军的瘾。他一直对他必须完成的工作心怀忧虑，但同时却总是一事无成。当他经济困难时，便向母亲开口要钱，虽然难免要受她的批评和指责，不过到底还是能如愿以偿。他突然结婚了，他的困难也随之增加。可是，他所关心的只是要赶在他的哥哥之前结婚，他视之为他的一大胜利。由此可见，他对自己的估计实在是太低了——他只想在这类微不足道的小事上占取上风，他根本还没有做好结婚的准备，所以夫妻俩便时常吵架。当他的母亲不能像以往一样资助他时，他订购了一架钢琴，又付不起钱，结果便吃上官司，锒铛入狱。在这段历史中，我们在他童年时代便看到了他以后行径的基础。他在哥哥的阴影下成长，就像一株小树被大树夺尽阳光一般。他聚集了各种印象，认为他比出尽风头的哥哥受到太多轻侮和忽视。

另一个例子。一个野心勃勃而又受父母宠爱的女孩子，她有一个深为她所妒忌的妹妹，不论是在家里或是在学校，她的敌意都很明显地流露出来。有一天，她偷了同学的钱，被发现了，并且受到处罚。幸好，我有了向她解释前因后果的机会，她也因此消除了和妹妹一较长短的观点。同时，我也向她的家庭解释了这种情况。她们同意避免再造成妹妹较受偏爱的现象，以消除此种敌意。这是20年前的事了，现在这个女孩子已经结婚生子，成了很有声望的妇女。从那次以后，她在生活中再也没有犯过重大的错误。

我们已经论述过对儿童的发展特别危险的各种情境。现在，我很乐于作一总结。我们之所以要强调它们，是因为如果个体心理学的发现正确，那么我们就必须先认清这些情境对罪犯观念的影响，才能真正帮助他与人合作。容易犯罪的三类儿童：第一是身体有缺陷的儿童，第二是被宠坏的儿童，第三是受到忽视的儿童。身体有缺陷的儿童觉得自己被自然剥夺了天赋的权利，除非他们对别人的兴趣受到特殊的训练，否则他们总是比平常人关心自己。他们寻求着驾驭别人的机会。我曾经看过一个个案，一个男孩子因为追求女友受拒而觉得受到侮辱，结果竟唆使一个年纪比他小而且又比他笨的男孩子去刺杀她。被宠坏的男孩子心里总是牵系在宠爱他们的母亲身上，他们无法把兴趣扩展到其他人。没有哪个孩子是完全被抛弃的。但是，在孤儿、私生子、弃婴、丑陋和残疾儿童之间我们也发现了许多可称为受到忽视的儿童。因此，罪犯可以分为两种主要类型——丑陋而被轻视以及英俊而被宠坏的原因，便不难了解了。

我曾经想在我自己接触过的罪犯之间以及我在报章书籍读过的对罪犯的描述之中找出罪犯的人格结构。我发现：个体心理学的主要概念，能让我们对这个情况有所了解。下面，我从费尔巴哈（Anton von Feuerbach）所著的一本古老德国书中选出几个例子作更进一步的说明。在这些故事中，我们可以看到犯罪心理学的最佳描述。

（一）康拉德（Conrad K.）的个案。他和一个工人合力谋杀了自己的父亲。父亲一向轻视这个孩子，待他残暴之极，并把整个家庭搞得鸡犬不宁。有一次，这个孩子还手打他，他就把孩子带上法庭。法官对孩子说道："你的父亲太恶劣了，实在是没办法！"请注意这位法官的话已经种下了祸因。这个家庭想尽方法要改变父亲的劣根性，但总是无计可施。后来，发生了一件更令他们失望的事情。这位父亲把一个声名狼藉的女人带回来同居，并且把他的儿子逐出了家门。这个孩子结识了一个工人，他对孩子的处境极表同情，并劝他杀掉父亲以绝后患。他因为母亲之故而犹豫不决，但是家中的情况却江河日下。经过长期的考虑之后，他终于借着这个工人的帮助杀死了父亲。在此，我们看到这个孩子甚至不能把他的社会兴趣扩展到父亲身上。他仍然依恋着母亲，并且非常尊敬她。在他毁灭掉这些残余的社会感之前，他必须先找出脱身之词以减轻自己的罪状。当他从这个工人之处获得支持，凭着一股怒气，他才拿定决心犯下杀父罪行。

（二）玛格丽特·茨万齐格（Margaret Zwanziger）被人称为"毒药女死神"。她是在孤儿院长大的儿童，外表瘦小丑陋。因此，她就像个体心理学所说的，急着想吸引别人的注意，但却饱受人的冷眼。在经过许多次令她心灰意冷的尝试之后，她曾经三次试图毒死别的女人，希望能占有她们的丈夫。她觉得她们剥夺了她的情人，除此之外，她想不出其他方法来夺回她的情人。她假装怀孕，企图自杀，以获取这些男人的关怀。在她的自传里（有许多罪犯都以撰写自传为乐)，她写到："我每次做了恶事以后，都会想：'没有人曾经为我悲哀过，我为什么要对他们的不幸感到悲哀呢?'"但是她却不了解自己为什么会有如此想法。这可以作为个体心理学对潜意识观点的证据。

在这些文字里，我们可以看出她如何唆使自己去犯罪，并找出各种借口。当我主张要合作并培养对别人的兴趣时，总会听到这一类的说法："可是别人对我并没有兴趣呀!"我的回答是："反正一定要有人先开头的。如果别人不肯合作，那并不是你的事。我的看法是由你自己先开头，不必管别人合作不合作!"

(三) N. L.，是家里的长子，教养欠佳，一条腿有残疾，他以兄长的身份替父亲，看管他的弟弟们。这种关系也是一种优越感目标，乍看之下，它似乎是属于有用的一面。然而，它极易让人产生一种骄傲和炫耀的欲望。后来，他把母亲赶出家门去行乞，并且骂道："滚你的蛋吧！老狗!"我们真要替这个孩子感到悲哀，他甚至对母亲都不感兴趣了。如果我们从他孩提之时起就知道他，我们就能看出他是如何走向犯罪生涯的。他失业了很长一段时间，没有钱，又染上了性病。有一天，在找工作失败后，回家的途中，他为了抢占弟弟的微薄收入，和他发生争执，并杀死了他。在此，我们看出了他合作的极限——失业，没有钱，患有性病。每个人都有这类的限度，超出这个限度，他就觉得自己走投无路了。

(四) 一个最初是孤儿的孩子被一位养母收养了，她娇宠他到令人难以置信的程度。因此他就成了一个被宠坏的孩子。他以后的发展非常恶劣：他热衷于竞争，企盼高人一等，并给人以深刻的印象。他的养母依旧对他宠爱有加。最终他变成了骗子，不择手段地骗钱。他的养父母是贵族的后代，他也装出贵族的派头，花光了他们的钱，并将他们赶出了他们的房子。不良的教养和娇纵使他不务正业，他认为要克服生活困难的唯一途径就是撒谎和欺骗。这使得每个人都成了他所要欺骗的对象。他的养母宠爱他甚过自己的丈夫和儿子。这种待遇使他觉得他有获取每样东西的权利。但是，他认为自己无法用正当的方法来获取成功，又显示出他对自己的过分低估。

任何孩子都不应该受到这种令人气馁而且对合作又毫无助益的自卑感（discouragement）之害。在生活的问题之前，并没有哪个人是注定要被击败的。罪犯都采用了错误的方法，我们必须向他指出他是在什么地方，为什么采用这种方法，同时，我们还要鼓励他对别人产生兴趣并且和别人合作。如果大家都完全认清：罪犯是懦弱而非勇敢，那么我相信罪犯最大的自圆其说再也站不住脚，而且再也没有小孩子愿意在未来走上犯罪之途。在所有罪犯的个案里，不管对它们的描述是否正确，我们都能看到儿童时期错误生活模式的影响，这种模式都表现出缺乏合作的能力。我宁可说合作的能力是必须加以训练的，它是否由遗传而来根本不应成为问题。当然，合作的潜能是天生的，但是每个人都有这种潜能，要使它发挥出来，还得加以训练和练习。依我看，关于其他观点都是多余的，除非我们能造就精通合作之道而且又是罪犯的人。我从没遇见过这种人，我也从未听见过有人遇见过这种人。防范犯罪的最佳方法就是适当程度的合作。如果这一点未被认清，我们就无法期望能避免悲剧的发生。教孩子合作就像教他们地理课一样，因为它是一种真理，真理必然是可以传授的。不管是成人还是儿童，假如没有充分准备，就到一个需要合作知识的情境去接受考试，那么他就会一败涂地。

解决犯罪问题的方法

解决我们的各种问题都是需要合作的知识的。我们对于犯罪问题的科学探讨已经接近尾声，现在我们必须鼓起勇气面对事实。人类经过了千万年仍然找不出应对这个问题的正确方法。曾经被使用过的方法似乎都不生效，这种悲剧也依旧伴随我们。我们的研究已经找出此种现象的原因，我们从未采取步骤来改变罪犯的生活模式并预防错误生活模式的发生。缺少了这些，任何方法都是不会产生效果的。

我们认为，罪犯和其他的人都一样，他的行为也是人类行为的合理衍变。这是一个非常重要的结论。假如我们了解犯罪本身并不是孤立的，而是生活态度的病症，假如我们能看出这种态度是如何造成的，而不把它视为根本解决不了的问题，那么我们便能抱有足够的信心来从事改变它的工作。我们已经描述过这种阻碍和他的母亲、父亲、同伴、周围的社会偏见，以及环境的困难等因素之间的关联。我们已经发现：在形形色色的罪犯之间，在各种不同的失败者之间，他们最主要的共同点就是缺乏合作，缺乏对别人以及对人类的兴趣。假如我们想要有所作为，就必须培养他们的合作能力。除此之外，别无他途。每件事情都依赖于合作能力这个因素。

罪犯和其他的失败者有一点不同之处。虽然，他在长期反抗合作之后，已经像其他人一样地失去了在正常的生活工作上获取成功的信心，但是，他还有某些活动，只是这些活动都被他投向了生活中无用的方面。他在这些无用的方面上非常活跃，而且能与和他自己相同类型的罪犯互相合作。这一点，他和精神病患者、自杀者、酗酒者都不相同。然而，他的活动范围却非常有限，他把自己禁锢在狭小的天地里。在这些环境中，我们可以看出他到底丧失了多少勇气。他是必定会丧失勇气的，因为勇气只是合作能力的一部分而已。

罪犯日夜都在准备着犯罪，他一直在找寻着能减轻犯罪感的脱身之词以及“迫使”他不得不犯罪的原因。要击破社会感的厚墙并不是容易之事，它具有相当大的抗拒力。但是假如他计划犯罪，他总得想出一个办法——也许是回忆他所受过的冤屈，也许是培养愤恨的情绪——来克服此种障碍。这能帮助我们了解他为什么不断地在找寻对环境的解释以坚定他的态度，也能帮助我们了解和辩论他为什么总是一无所获。他以自己的眼光在看世界，他对自己的论点已经准备了一世之久。除非我们能发现他的态度是如何产生的，否则我们就无法期待它改变。然而，兴趣可以让我们找出真正能够帮助他的方法。

一个人缺乏勇气来面对困境，且又找不出轻易解决的方式时，就容易开始筹划犯罪。这种情况特别容易发生在（譬如）他需要钱用的时候。像所有的人一样，他也在追求着安全感和优越感的目标，他也希望解决困难，克服障碍。然而，他的追求却落在社会的架构之外：他的目标是凭空想象的个人优越感目标，他获得这种目标的方法是设法使自己觉得自己是警察、法律和社会组织的征服者。破坏法律，逃避警探，逍遥法外——这些都是他和自己玩的把戏。比方说，当他使用毒药害人的时候，他会相信这是他个人的巨大胜利，而且他会一直这样欺骗自己、麻醉自己。他在初次落入法网以前，通常都已经得手过许多次，因此他在东窗事发时的想法大概多是：“假使我再聪明一点，我就逃过去了！”

从上面所述各点，我们可以看出他的自卑情结。他逃避着劳动以及必须和别人发生联系的生活工作。他觉得自己的能力不足以获得正常的成功。他不肯和人合作的习性会更增加他的困难，因此大部分的罪犯都出自非技术性的劳工。他发展了一种毫无价值的优越感来隐藏起他的自卑情结。他一直在想象自己是多么勇敢，多么出类拔萃，但是我们能够把一个生活战线上的逃兵称为英雄么？罪犯其实是生活在醉梦里，他根本不知现实为何物，他必须尽力使自己不要面对现实。他常常想："我是世界上最伟大的强人，哪个人我看不顺眼，我就可以打死他！""我比任何人都聪明，因为我干了坏事，仍然能逍遥法外！"

我们已经分析了在生命最初几年心理负担过重的儿童和被宠坏的孩子是如何走上犯罪之途的。身体有缺陷的儿童需要特别的照顾来把他们的兴趣引导到别人身上。被忽视的不受欢迎、不被欣赏或讨人厌的儿童也都处于类似的情境：他们没有和别人合作的经验，也不知道合作可以使他们受人喜欢并赢取别人的情感以解决问题。对于被宠坏的孩子，从来没有人教过他要凭自己的力量来获取东西，他们以为只要自己开口要求，这个世界就会急着来迎合他。假如别人不能顺从他，他就会觉得别人待他不公，而拒绝合作。在每个罪犯背后，我们都能追溯出诸如此类的历史。他们未曾受过合作的训练，他们没有合作的能力，每当他们遇到问题的时候，他们不知道如何应付才好。因此，我们该做的事就是训练他们的合作之道。

我们对此有了充分的认识，而且，到目前为止，我们也有了足够的经验。我确信个体心理学告诉了我们如何才能改变每一个罪犯。但是，请想想看，如果要找出每一个罪犯，给予个别的矫治，改变其生活模式，那是件多么艰巨的工作！很不幸，在我们的文化里，大部分的人在他们的困难超过某一限度之后，合作的能力就荡然无存了。结果是，在不景气的时代，犯罪案件便大量增加。我相信，假如我们要用此方式来消除犯罪，我们就必须矫治人类种族的一大部分。我敢断言，要立竿见影地把每一个罪犯或潜在性罪犯都改造成循规蹈矩的人，是绝对无法办到的。

然而，我们还有很多可以做的事情。我们也能够采用某些措施，来减轻他们不足以应付生活问题的负担。例如，关于失业和缺乏职业训练等问题。我们应该设法使每个愿意工作的人都能获得职业，这是降低社会生活的要求以使大部分人不至于丧失最后合作能力的唯一办法。假如这一点做到了，犯罪案件必然会减少。这是毋庸置疑的。我们还应该给予孩子较好的职业训练，使他们能较妥善地面对生活并拥有较大的活动空间。我不相信我们能对每一个罪犯施予个别矫治，但我们却能以集体矫治来帮助他们。比方说，我们可以和许多罪犯一起讨论社会问题，正如我们在这里考虑这些问题一样。我们可以提问题让他们来回答，开启他们的心灵，使他们从迷梦中觉醒过来。我们应该使他们抛弃对世界的个人解释以及对自己能力的过分低估。我们应该教他们不要限制住自己，并消除对必须面临的情境和社会问题的恐惧感。我敢断言，我们一定能获得巨大的成果。

在我们的社会生活中，我们还应该消除被罪犯或穷人看作挑战的每一个事物。我们应该消除社会上的贫富悬殊，应该抵制奢靡腐化的风气，不能只让少数人坐拥世富，日耗千金。在矫治落后儿童和问题儿童时，如果用考验的方式来向他们挑战，是容易勾起他们的敌对情绪的。我们的警察、法官甚至是法律都有向罪犯挑战的倾向。事实上一切恐吓都没有什么效果。假如我们冷静一点，不提罪犯的姓名，也不揭露他们的劣迹，那么情况可能会好得多。我们不应再以为严厉制裁或柔和政策能够改变罪犯，只有让罪犯更清楚地了解自己的处境，才能改变他们。

如果我们更加努力地找出应该对犯罪负责的人，那么对工作必然有所裨益。据我所知，至少有40%以上的罪犯逃过了警探的耳目。犯了罪而未被发现，这等于是给他们提供增加经验的机会。关于这些，有一部分我们已经予以改进了，而且我们也正朝着正确的方向进行。还有一点很重要：不管在监狱中或在出狱后，都不可以羞辱犯人或向他挑战。如果能够找到适当的人选——那些对社会问题和合作的重要性有确切认识的人——作为警察，那么矫治罪犯的效果就会更好。即便如此，我们仍然无法如愿地使犯罪率大幅度降低，幸好我们还有一个非常实用而且有效的方法。假使我们能够训练孩子适当的合作能力，假如我们能培养他们对别人的兴趣，那么这些孩子将不容易受人利用，效果也是立竿见影的。无论他们在生活中遇到什么样的麻烦，他们对别人的兴趣都不会完全丧失，他们和别人合作的能力以及完满地解决生活能力都会比我们这一代来得强。教养良好的孩子也会影响他们的整个家庭生活，独立、乐观、高瞻远瞩的孩子是父母们最大的安慰。合作的精神（spirit of cooperation）很快就会遍及全世界，社会风气将大大地改善。在我们影响孩子的同时，我们也影响了父母和教师。

接下来，我们应该选择最佳的下手之处和方法使他们能负担起日后生活的工作。我们该训练所有的父母么？不是的，这个方案并不能带给我们多大的希望。父母们是很难掌握住的，最需要训练的父母都是最不愿意和我们见面的父母，我们无法接近他们，因此必须另觅他途。那么，我们是否应该把所有的儿童都集中起来并终日监视他们?这个方案似乎也好不了多少。然而，我们却有一个实际可行而且真正有效的方法。我们可以利用教师作为推进社会进步的动力。我们可以训练教师来纠正儿童们在家庭中形成的错误，并发展他们的社会兴趣直至扩展到别人身上。由于家庭不能教导孩子应付日后生活的所有问题，人类才设立了学校作为家庭的延伸。我们为什么不利用学校来培养人与人的合作之道呢?

总之，假如个人不合作，对别人不感兴趣，而且也不想对团体有所贡献，他们的整个生活必然是一片荒芜，他们身后也留不下一丝痕迹。只有讲究奉献的人，他们的成就才会保留下来，他们的精神才会持续下去，他们的精神万古长存。如果我们以此作为基础教育儿童，他们自然会喜欢合作，他们有足够的力量来面对最艰难的问题，并以符合众人利益的方式来解决它们。

第十章　职业与工作

职业、种族、性别是捆缚人生问题的三条系带。它们三者并不是截然分开的，解决任何一个问题都要仰赖于其余的两个问题。

第一条系带构成了职业问题。我们居住在地球的表面上，我们拥有的只有这个星球的资源——土地、矿产、温度和大气。解决地球给我们带来的问题，一直是人类的主要工作。即使在今日，我们也不能认为找到了十全十美的答案。每一个时代，人类都在某种程度上解决了这些问题，但是，人类总是要不断地追求进步和更高的成就的。

我们所拥有的解决这个问题的最佳方法和第二个问题有密切关联。捆缚住人类的第二条系带是种族。假如某一个人单独居住在地球上而从未见过其同类，那么他的态度和行为必定与同类迥然不同。我们必须时时刻刻和别人接触，并且关心他们。这个问题的最佳解决方法是靠友谊、社会合作。

由于人类学会了合作，所以我们才形成了劳动分工的伟大发现，这个发现是人类幸福的主要因素。假如每一个人都不愿意合作，也不愿仰赖人类的成果，而只想凭一己之力在地球上谋生，那么人类的生命必然没有延续下去的可能。经由劳动分工，我们可以将许多不同的能力组织起来，以使他们对人类共同的幸福有所贡献，并保证人类的安全和增加社会上所有成员的机会。当然，我们不能夸口说我们已经到达尽善尽美的地步，也不能装得好像劳动分工制度已经达到其发展的最高峰。但是，假如我们想解决职业问题，我们就必须在人类劳动分工合作的架构中占一席之地，并且为别人的利益奉献出我们的力量。

有些人试图逃避这种职业的问题，他们不愿意工作，对人类共同的兴趣也漠不关心。然而，他们却总是恳求着别人的资助。他们仰赖别人的劳动为生，自己本身却一无贡献。这是被宠坏孩子的典型生活模式：当他面临问题时，总是要求别人出力帮他解决困难，破坏人类的合作，并且把不公平的负担加在热心于解决生活问题者的肩上。

人类的第三条系带是性别。人类生命的延续以及性别角色的义务履行，便构成了两性之间的关系的一个问题。要成功地解决爱情和婚姻的问题，拥有职业和与他人友善的接触是必要的。依据我们的研究，这个问题的最完美也是最能符合社会要求和劳动分工制度的解决方法就是一夫一妻制。从中可以看出一个人的合作程度。

上述这三个问题彼此影响，解决其中一个问题，必定会对另外两个问题的解决有所帮助。因此，它们其实是同一种情境同一种问题——人类必须在他自己的环境中保存生命、发扬生命的各个不同层面。

在此，我们愿意重述一次：以尽母亲天职而对人类生活有所贡献的妇女，也像任何人一样，在人类的劳动分工制度中占有高尚的地位。如果她非常关心子女，而努力使其成为健全的公民，如果她致力于扩展他们的兴趣，并教他们合作之道，那么她对人类的贡献便是不可估量的。在我们的文化中，母亲的工作价值经常被过分低估，职业女性通常在经济上也不得不依赖别人。然而，一个家庭，母亲的工作和父亲的工作是同等重要的。不管母亲是在家主持家务或出外独立工作，母亲的地位是绝不容忽视的。

母亲是第一个影响子女职业发展兴趣的人。在人生最初四五年间所受的训练，对孩子成年后发展的大方向有决定性的影响。每当有人要求我进行职业辅导时，我总会问他早期生活的情形如何，以及他小时候对什么东西最感兴趣。他对这段时间的记忆显示出他的思想以及他的人生目标。对于最初记忆的重要性，以后我还会回头再谈。

训练的第二步骤是由学校执行的。我相信我们的学校现在正逐渐增加对儿童未来职业的注意，并训练他们眼、耳、手等的各种功能，而这种训练和一般学科的教学是同等重要的。当然，也不可忽视一般教育的不可替代作用。我们经常听到人们诉说把在学校中所学的拉丁文或法文完全忘光了，但是，这些科目仍然是应该教授的。人们在研读这些科目时，使得心灵的各种功能都有受到训练的机会。有些新式的学校特别注重职业训练和工艺训练，这种方式也能增加儿童的经验并提高他们的自信心。

假如孩子已经决定他将来想要从事哪一种职业，那么他的发展便迅速得多。如果我们问孩子将来做什么，他们大多会有一个不是经过详细考虑的回答。当他们说以后要当飞机驾驶员或汽车司机时，他们也不知道自己为什么要选择这门行业。我们的工作就是要找出他们的潜在动机，发现他们努力的方向，以便推动他们前进，实现人生目标。

12 ~ 14 岁的孩子大都应该清楚将来想要从事的职业。假如一个孩子到这个年纪还不知道自己将来要做些什么，那就令人遗憾了。他在表面上缺乏雄心并不意味着他对什么事情都不感兴趣。他可能野心勃勃，却没有足够的勇气来说。在这种情况下，我们必须耐着性子来找出他的主要兴趣。有些孩子在16岁结束高中学业时，对自己未来的职业仍然拿不定主意。他们大部分是品学兼优的学生，但是对以后的生活却一点主意也没有。如果详加注意，我们会发现这些孩子大多不肯真正与人合作。他们没法找到在劳动分工制度中该走的路，也无法及时确定出实现其目标的具体方法。因此，尽早问孩子希望从事哪种职业，是很有益处的。我时常在学校里提出这个问题引导孩子思考，我还问他为什么要选择这种职业，他们通常都会很仔细地告诉我。在孩子们对某种职业的选择里，我们可以看出其全部的生活模式。他会告诉我们，他努力的主要方向和他认为生活中最有价值的东西是什么。我们必须任他选择他认为最有价值的职业，因为我们也无从判断哪种职业较高尚，哪种较卑微。如果他脚踏实地地做自己的工作，而且也专心致志地为别人奉献出自己，那么他便是和其他人一样有用的。他唯一的职责就是训练自己，设法支持自己，并在劳动分工制度的架构下激发自己的兴趣。

也许有一大部分的男人和女人对他们在儿童时期摸索出来的方向真正感兴趣，可是由于经济的因素或父母的压力，他们不得不从事一门他们不感兴趣的职业。这件事情也能证明儿童时期训练的重要性。假如我们在一个孩子的最初记忆中，发现他对视觉的事物有兴趣，我们便能推测他可能适合相关的职业。在职业辅导中，最初记忆是绝不可忽视的。有些孩子也许会提起某人对他说过的话，或是风吹、铃响的声音，我们便知道他是属于听觉型的，而且可能适于从事和音乐有关的职业。在其他的回忆里，我们还会看到动作的印象。这些人比较偏好活动，他们也许对需要户外工作或旅行的职业比较感兴趣。

人类最常见的努力之一是超越家庭中的其他成员，尤其是父亲或母亲。这是一种很有价值的努力，我们非常乐于看到孩子们出类拔萃。如果父亲服务于警界，他的孩子通常都会有成为律师或法官的雄心。假如他的父亲受雇于医师的诊所，这个孩子很可能希望将来当医师。假如父亲是教师，儿子会希望成为大学的教授。

在观察儿童时，孩子们的游戏能让我们看出他的兴趣所在。比方说，有个孩子希望成为教师，我们就能看到他带领着一群孩子在玩学校上课的游戏。希望成为妈妈的女孩子，会喜欢玩洋娃娃，并培养自己对婴儿的兴趣。有些人认为：假如我们给她们洋娃娃，会使她们脱离现实。其实她们是在训练自己认同母亲，并从事母亲的工作。从小就开始培养这种兴趣是十分必要的，假如太晚了，她们的兴趣会固定而不易变更。有些孩子会对机械技术表现出浓厚的兴趣，假如他们能达成心愿，这也会成为以后生活中良好职业的基础。

无意中遇见有人生病或死亡等的儿童，对成为医师、护士或药剂师保留有浓厚的兴趣。他们的努力是应该加以鼓励的。因为拥有这种兴趣而成为医师的人大都很早就开始训练自己，并且非常喜欢他们的行业。有时候，死亡的经验还可能以另外一种方式来补偿。有些孩子可能希望以艺术或文学的创作来谋生，有些则可能献身于宗教事业。

还有些人不管选择了哪一种职业都不会感到满意。他们仅仅把职业看成是保证其优越地位的方法。他们并不希望应付生活问题，因为觉得生活根本就不应该出现这些问题。这些被宠坏的孩子，只盼望能获得别人的帮助。游手好闲、好吃懒做等逃避就业的错误训练，也是从生命早期便开始的。当我们看到这样躲避困难的孩子时，我们必须以科学的方式找出其错误的成因，并以科学的方法来纠正他。如果有某个星球，人们都四体不勤、五谷不分，却能随心所欲地获得任何东西，那么懒惰可能成为美德，而勤劳则为人所不齿。然而，从我们和地球之间的关系看来，我们可以了解：对职业问题合乎逻辑且和常识一致的解答，就是我们必须工作、合作和奉献。以往，人类一直是凭直觉感觉到这一点，现在我们则是以科学的角度来分析其重要性。

对儿童早期的训练，在天才的身上最为明显。所谓天才，是指对人类的共同福祉有杰出贡献的个人。艺术是全体人类精诚合作的结晶，伟大的天才也提高了我们的整个文化水准。荷马在他的史诗中只提到三种色彩，而用这三种色彩可以用来描绘所有颜色的区别。无疑，人们在那个时代已经注意到更多的色彩差异，但是这种差异似乎是微不足道的，所以也没有为它们命名的必要。是谁教我们分辨各种色彩，让我们能称呼它们的名字呢？我们必须说：这是画家和艺术家的功劳。作曲家们训练了我们的听觉，让我们对音乐的欣赏水平有了显著提高。现在我们之所以能够用和谐的音调代替原始人单调的声乐，都是音乐家们所赐予的，他们润泽了我们的心灵，并且教我们如何训练我们的器官功能。是谁增加了我们心灵的深度，让我们谈吐幽雅，思想深邃？那是诗人。他们润饰了我们的语言，使之更更加生动。天才是人类中最合作的人。在他们行为和态度的某些方面，我们或许看不出其合作能力，但是我们却能从其生命的整个历程中看出它来。他们并不像其他人那样易于合作。他们的道路崎岖，并且经常是以重大缺陷的器官作为起始点的。几乎在所有杰出者的身上，我们都能看到某种器官上的缺陷。因此，我们能得到一种印象：他们在生命开始时便命运多舛，可是他们却顽强地克服了种种困难。特别值得注意的是，他们在儿童时期就刻苦耐劳地训练自已并培养兴趣。他们磨炼着理性，使之能够应付世界上的各种问题。我们可以断言：他们的成就和天才是他们自己创造出来的，而不是遗传或上苍的赐予。他们的努力奋斗，使得后世能分享其余荫。

早期的努力是晚年成功的最佳基础。假设我们让一个三四岁的小女孩单独游戏，让她开始为她的洋娃娃缝制一顶帽子。当我们看到她在工作时，赞扬她几句，并告诉她怎样才可以把它缝得更好。她受到激励后，会更加努力改进技艺。但是，假设我们叫道："把针放下去！你要刺到手了，你根本不需要自己做帽子，我们出去买一顶更漂亮的！"她会马上放弃努力。因而，第一种情境下的孩子容易发展出艺术的爱好；第二种情境下的孩子却不知道自己能做些什么事，她会以为买来的东西一定比她自己做的更好。

如果在家庭生活中过分强调了金钱的价值，孩子们会只凭收入的多寡来看待职业。这是一种很大的错误。当然每个人都应该谋生，而且忽略了这一点的人通常成为别人的负担。但是，只对赚钱有兴趣的人必定会和合作背道而驰。假如"赚钱"是他的唯一目标，而其又缺乏社会兴趣，那么他用抢劫或欺诈来获得钱财又有什么奇怪呢，即使情况不是这么极端，他赚钱的目标中还包含社会兴趣，可是他的所作所为对于别人仍然毫无益处。在这个复杂的时代，致富之道何止万千，即使是旁门左道，有时候也会为人带来巨富。对此，我们不必感到惊讶。虽然我们绝不敢说守正不阿、有所不为的人一定能成功，但是，我们却敢断言，他能使其勇气永在而不失其自尊。

对于问题儿童，我们应该做的第一件事就是找出他们的主要兴趣。从这一点出发，要给他们作整体性的鼓励便容易得多。如果是未曾找到合适职业的年轻人，或是在职业上失败的中年人，我们应该找出他们的真正兴趣，一面利用它对他们作职业辅导，一面帮他们寻找就业机会。每一个了解合作之重要性的人，都应该努力消除失业的现象，使每个愿意工作的人都有工作。我们可以用增设职业学校、技术学校和成人教育等方法来推行。父母、教师以及所有对人类未来的进步和发展感兴趣的人，都应该努力让孩子们接受更好的训练，以使他们在进入成年人的生活时，不至于在劳动分工制度中无所适从。

第十一章　人与同伴

原始部落以共同的符号把自己团结在一起，这种符号的目的是使人和其同胞团结合作。最简单的原始宗教是图腾崇拜。一个部落可能崇拜蜥蜴，另一个则可能崇拜水牛或蛇。崇拜同样图腾的人会居住在一起，彼此互相合作，情如手足。这种原始习惯是使人类合作固定化的重大步骤之一。在原始宗教的祭祀日，每一个崇拜蜥蜴的人都会和同伴聚集在一起，讨论农作物的收获以及如何免遭天灾人祸、洪水猛兽的侵害等问题。这就是祭祀的意义。

婚姻通常都被认为是一件涉及团体利益的事情。每一个图腾崇拜相同的弟兄都必须遵照社会的规定，在自己的团体之外找寻配偶。婚姻并不是私人的事情，而是全体人类在心灵上和精神上都必须参与的共同事务。结婚之后，双方都必须负起责任，这是整个社会对他们的期待。社会希望他们生育健全的子女，并以合作的精神将之抚育成人。因此，在每一段婚姻中，每一个人都应当乐于合作。原始社会用图腾和制度来控制婚姻，在今日看来，也许相当可笑，但是它们在当时的重要性则是不容忽视的。它们的真正目的在于增加人类的合作。

宗教中最重要的教诲之一是“爱你的邻居”。在此，我们又看到另一种使人类增加对同类兴趣的努力。有趣的是：现在从科学的立场，我们也能够认识此种努力的价值。被宠坏的孩子问我们：“为什么我应该爱我的邻居？他们为什么不先来爱我？”这句话显露出他缺乏对合作的训练和他的自私自利。在生活中会遭遇最大的困难并做出损人利己之事的人，就是对其同胞不感兴趣的人，人类之中所有的失败者都是出自其中。各种不同的宗教都以自己的方式在倡导合作。站在我的观点，任何人类的努力，只要是以合作为最高目标的，我便完全赞同他。争执、批评和贬低对方都不必要。我们还不知道什么是绝对的真理，因此，通往合作这个最终目标也有许多不同的途径。

在政治上，有许多种政治制度都是可行的，但是，其中如果缺少了合作精神，不管是谁来执政，都必将一事无成。每一个政治家都必须以人类的进步作为其最终目标，而人类的进步总是意味着更高程度的合作。假如一个政党能使其党内成员彼此水乳交融，那么，就能够真正将群众带上进步之途。同样，班级的活动也是团体的合作运动，其目标亦在促进人类的进步，所以在班上应该避免造成偏见。因此，所有的运动都只应以它们能否增加我们对同类的兴趣来判断其价值。我们认为有助于增进合作的方法是非常多的。这些方法或许有高下之分，但是，只要能够增进合作，我们就不必因为某种方法不是最好的而攻击它。

我们不赞成只问收获、不事耕耘、只求个人利益的人生观。因为这对于个人和团体的利益都是最大的阻碍。只有经由我们对同类的兴趣，人类的各种能力才得以发展。说、读、写，都是和别人沟通、往来的先决条件。语言本身就是人类的共同创作，也是社会兴趣的产品。了解就是知道别人心中的想法，它使我们能以共同的意义和别人发生联系，并受人类共同常识的控制。

有一些人终日追求个人的利益和优越感，他们给予生活一种私人的意义，认为生活应该是为他们存在的。然而，这种人会因此而无法和其同类发生联系。我们经常会在只对自己感兴趣的人的脸上看到一种卑鄙或虚无的表情。我们也会在罪犯或疯子的脸上看到同样的表情。例如强迫性的脸红、口吃、阳痿、早泄等等，都是较受人注意的例子，它们都是由于对别人缺乏兴趣而造成的。

最高程度的孤立可以用疯狂来代表。如果能引起他们对别人的兴趣，即使是疯狂也不是无药可治的。他和别人之间的距离比任何人都要来得遥远，或许只有自杀者堪与比拟。因此，要治疗这类个案是一种艺术，而且是一种相当困难的艺术。我们必须设法赢得病人的合作，这一点只有耐心以及最仁慈和最友善的程度才做得到。曾经有人哀求我尽力去治疗一个患有早发性痴呆症的女孩子。她患此病已达 8 年之久，最后这两年是在一家收容所中度过的。她像狗一般地狂叫，到处吐口水，撕扯自己的衣服，并且想吞下手帕。我们可以看出，她对于人类的兴趣是多么的缺乏。她的动机是扮演狗的角色。她觉得她的母亲想把她当狗一般看待。她的行为或许是在说："我愈看你们这些人类，我愈希望自己是一只狗！"我连续对她说了 8 天话，她却一个字也不回答。我继续和她说话，30 天之后，她才开始以含糊不清的语言作答。我对她友善，她也因此受到了鼓励。

这一类型的病人即使受到鼓励而产生勇气，也不知何去何从。他对同伴的抗拒力是非常强的。当他的勇气回复至某种程度而他又不希望和他人合作时，我们也能够预测出其行为。他的举止正如问题儿童：他会做出种种恶作剧或攻击监护人。

当我第二次和这个女孩子见面时，她便动手打我。我不得不考虑如何应付。唯一能出乎她意料之外的做法，就是置之不理。你可以想象出这个女孩子的外形——她并不是体格非常强壮的。我让她打我，仍然装得很和善的样子。她非常意外，因此敌意全消。可是她仍然不知道如何办，她打破了我的玻璃窗，手被玻璃划破了。我不但不责备她，反倒帮她包扎。通常应付这种暴力的方法，诸如监禁或把她锁在房子里，都是错误的方法。如果我们要赢取这个女孩子的合作，我们必须另辟他途。期望疯子有像正常人一般的行为是最大的错误。几乎每个人都会因为疯子不像平常人一般地作出反应而恼怒。他们不吃不喝，他们撕扯自己的衣服等等。让他们随心所欲吧！除此之外，我们就没有帮助他们的方法了。

以后，这个女孩子痊愈了。经过了一年，她仍然非常健康。有一天，当我前往收容所时，在路上遇见了她。“你到哪儿去?”她问我。“跟我一道走吧，”我说，“我要到你住过两年的那家收容所去。”我们一起到收容所，我找到曾经在这儿治疗过她的那位医师，请他在我诊治另一个病人时和她谈谈话。当我回来后，这位医师怒火冲天地说：“她是完全好了，可是她却有一件事情使我非常恼火。她根本不喜欢我！”此后，我还断断续续和这个女孩子见面达十年之久。她的健康状况一直非常良好，她自己赚钱谋生，和友伴们相处融洽，没人相信她曾经发过疯。

妄想狂和忧郁症这两种情况能够特别清楚地显现出他和别人之间的距离。在妄想狂病人埋怨所有的人类，他认为他四周的人都沆瀣一气，想来陷害他。患忧郁症的病人会自怨自艾。比方说，他会想“我破坏了我自己的家庭”或“我的钱都被我用光了，我的孩子一定要挨饿了”。然而一个人责备自己，只是他表现出来的外貌，其实他是在责怪别人。例如：一位交际广且风头十足的女士，在遭到一次意外后，再也无法继续参加社会活动了。她的3个女儿都已结婚成家，因此她觉得非常寂寞。几乎在同一时，她又失去了丈夫。她以前一向受人尊崇，她想找回她所失去的一切，她开始周游欧洲。可是她再也不觉得自己像以往那么重要了，当她在欧洲时，她患上了忧郁症。忧郁症对于处在这种环境下的人，是一种很大的考验。她发电报要她的女儿们来看她，但是她们每个人都有借口，结果一个人也没来。当她回家后，她最常说的话是："我的女儿们都待我非常好。"她的女儿们让她一个人生活，请了一位护士来照顾她。她的话是一种控诉，每一个了解环境的人都知道她的话是一种控诉。她的忧郁症是对别人长期的愤怒和责备。由于想要获得别人的照顾、同情和支持，病人只好为自己的罪过表现得垂头丧气，痛心疾首。忧郁症患者的最初记忆通常都是这样："我记得我要躺到长椅上，但是我的哥哥先躺在那儿了。我大哭大闹，结果他只好让位给我。"

忧郁症患者还有以自杀作为报复手段的倾向，因此医师第一件应注意的事就是避免给他们自杀的机会。我自己解除这种紧张的方法，向他们建议治疗中最重要的规则："不要做你不喜欢的任何事情。"这似乎是微不足道的小事，但是我相信它牵涉到整个问题。如果忧郁症患者能够随心所欲地做任何事情，他还会控诉谁？他还会做出什么事情报复别人？"你如果想上戏院，"我告诉他，"或是想去度假，那么就去吧！如果你不想去了，就不去好了。"这是任何人都能做到的最佳情境。它能使他对优越感的追求获得满足。他像上帝一样，能够做他喜欢做的事情。在另一方面，这种情况却很不容易适应他的生活。他想指挥别人，控诉别人，假如他们都同意他的看法，他就没有指控他人的必要了。这是一种解脱，在我的病人中也从未发生过自杀事件。

有时病人会回答："可是我什么事情都不想做!"对这种回答我已经胸有成竹，因为我听到它的次数太多了，"那么你就先不要做你不喜欢做的事情好了。"我会这样告诉他。然而，有时候，他会说："我喜欢整天躺在床上。"我知道，如果我准许他，他就不会再想做它。我也知道，如果我阻止他，他一定会坚持到底。因此，我永远表示同意。

这是规则之一。另外一种对他们生活的攻击是更为直接的。我告诉他们："如果你照着我的话做，你在两周内就会痊愈。记住，每天你都要设法取悦别人!"请注意这件事对他们的意义。他们原先只有一个念头："我要怎样才能使那个人烦恼?"他们的答案是相当有趣的。有些人说："对我而言，这是轻而易举的事。我一辈子不都在做这件事么!"其实他们并没有做这种事。我要求他们考虑我说的话，他们却不想。我告诉他们："当你睡不着觉的时候，你可以想想，你要怎样做才能使某一个人高兴?这样，你的健康一定会有很大进步的。"

第二天，我问他们："你有没有照我的话做?"他们回答道："昨天我一上床就睡着了。"当然，这些都是在诚挚、友善的态度下进行的，我一点也没有表示出优越。其他人会回答："我做不到。我自己还烦着呢。"我告诉他们："烦恼就烦恼吧，没什么关系的。你只要同时想想别人就得了!"我要他们把兴趣指向别人。许多人说："我为什么要讨好别人?他们都不来讨好我!""你要为你的健康着想，"我回答道，"不为别人设想的人，以后也会吃亏的。"在我的经验里，马上就回答"我已经照你说的话想过了"的病人是绝无仅有的。我的种种努力都是培养病人的社会兴趣。我知道他们生病的真正原因是缺乏合作精神，我要他们也看出这一点。只要他能站在平等合作的立场上和他的同伴发生联系，他便会痊愈。

另外一个明显缺乏社会兴趣的例子，是所谓的“犯罪性的疏忽”（criminal negligence）。例如，有一个人把点着的火柴扔下，引起了一场森林大火。又如，有个工人结束了一天工作，回家时，一条电缆横放在马路上忘记收拾，结果一辆摩托车撞上了电缆，骑车人摔死了。在这两个案子里，肇事者都无意害人。对于这些不幸，他们在道德上似乎不必负什么责任。但是，他并未受过要替别人着想的训练，他不知道要采取预防措施来保障别人的安全。这是较为严重的缺乏合作精神。此外，衣冠不整者，弄坏公共物品，以及做出种种损人利己举动的人，都属此列。

对于同伴的兴趣是在学校和家庭中训练出来的。我们已经谈过哪些事物可能妨碍孩子的发展。社会感或许不是由遗传得来的本能，但是社会感的潜能却是由遗传得来的。能够影响此种潜能发展的因素有：父母的技巧，他们对孩子的兴趣，以及孩子自己对环境的判断。如果他觉得别人都充满敌意，如果他觉得四周都是敌人，而不得不采取防卫手段，我们就无法期待他会和别人为友。如果他觉得别人都应该当他的奴隶，他就不会想对别人有所贡献，而只想驾驭他们。如果他只关心自己的感觉以及身体的舒适与否，他就会使自己退出社会。

我们已经说过：要让孩子觉得自己是家庭中平等的一员并且要关心其他的所有成员。我们也说过：父母之间应该友好相待，外界也应该保持良好而亲密的友谊关系。如此，孩子才会觉得在他们的家庭之外，也有值得信赖的人。我们也提过，在学校里，应该使孩子觉得自己是班上的一部分，并能够信任与同学的友谊关系。家庭生活和学校生活只是为达成更大的目标作准备，即教育孩子成为良好的公民而成为全体人类平等的一员。只有在这种情况下，孩子才能鼓起勇气从容地应付其问题，并为它们找出能增进他人幸福的答案。

如果他能成为所有人的好朋友，并以美满的婚姻和有用的工作对他们有所贡献，他就不会觉得自己不如别人或被别人所击败。他会觉得这个世界是友善的地方而能泰然处之，应付困难时也能得心应手。他觉得："这个世界是我的世界，我必须积极进取，不能退缩观望。"他非常清楚，现在只是人类历史中的一段时间，他只是整个人类发展过程——过去，现在和未来的一部分，他同时也会感到：这个时代正是他能够完成其创造工作并且对人类发展贡献一己之力的时代。在这个世界上真的有许多邪恶、困难、偏见和悲哀。但它是我们自己的世界，它的优点和缺点也是我们自己的。这是我们必须加以改造和改进的世界。我们可以断言，如果每个人都以正确的途径担负起他的工作，他在改进世界的事业中，便已经尽了责任。

担负起他的工作，意思就是要以合作的方式负起解决生活中三个问题的责任。我们对一个"人"的所有要求，以及我们能够给他的最高荣誉，就是他必须成为一个优秀的工作者，一个好伙伴以及爱情与婚姻中的真正伴侣。简而言之，他必须证明他是人类的一个良好的同伴。

第十二章　爱情与婚姻

在德国的某个地区，有一种古老的风俗，可以用来试验一对未婚夫妻是否适合一起过婚姻生活。在结婚典礼之前，新郎和新娘先被带到一个广场，那儿已经事先摆放好一颗砍倒的大树。他们要用一把两端都有把手的锯子，将树干锯成两段。由这个试验，可以看出他们愿意和对方合作的程度。如果他们无法协调合作，彼此为对方掣肘，终将一事无成。如果一方想居功，什么事都要自己来，而另一方又甘心让开，那么他们的工作将会事倍功半。所以他们两个都必须积极进取。这些德国农人已经知道：合作是婚姻的首要条件。

如果有人问我爱情和婚姻是什么，我将会给出下列的定义，虽然这很可能是不完整的：

“爱情、婚姻，都是对异性伴侣最亲密的奉献，它表现在心心相印以及生儿育女的共同愿望中。我们很容易看出，爱情和婚姻都是合作的一面——这种合作不仅是为了两个人的幸福，而且也是为了人类的利益。”

爱情和婚姻是为人类利益而合作的这种观点，能够解决这个问题的方方面面。即使是人类各种追求中最重要的肉体吸引力，对于人类的发展也是不可缺少的。我曾经说，由于人类体能上的限制，没有人能够在这贫瘠的地球上永久生存下去。因此保存人类生命的主要方法，就是经由我们的生殖能力来繁衍后代。

我们发现，爱情问题会引起各种困难和纷争。结了婚的夫妇以及他们的父母们都将被牵入这些难题里。因此，如果我们要为这问题找出一个正确的结论，我们的研究必须完全摒弃偏见。我们必须忘掉所学的知识，不要让其他的思想来干涉完全自由的讨论。

我的意思并不是说，我们能够把爱情和婚姻的问题当作是完全孤立的问题。人类是绝对无法依此方式获得完全自由的。只凭个人的想象是绝不能解决问题的。每一个人都受着几种固定的约束，他在一个固定的架构之中发展，他必须依照这个架构作出种种决定。这些约束之所以发生，首先是因为我们居住在宇宙之中的一特定点，而且必须在环境加予我们的许多限制之下发展。其次是我们生活在同类之间，必须学习使自己适应他们。最后是人类有两种性别，我们种族的未来即依赖于两性关系。

假如一个人关心着他的同伙以及人类的幸福，他做每一件事情时，都会先考虑到其同伙的利益，他解决爱情和婚姻问题的方式，也不会损及别人的幸福。他未必知道他是在依此方式解决问题。你如果问他，他对自己的目标可能也说不清楚，但是他却自然而然地追求着人类的幸福和进步，在他的各种活动里，都可以看出他的这种关注。

有许多人对人类的幸福是不太关心的。他们从来不问："我对我的同胞能有什么贡献?""我要怎样做才能成为团体中良好的一员?"而只问："生活有什么用？它能给我什么好处？我要为它付出多少代价？其他的人有没有为我着想？别人是不是欣赏我?"如果一个人在应付生活问题时，总是抱着这种态度，他也会用这种态度来解决爱情和婚姻的问题。他会不断地问："它能带给我什么好处?"

爱情并不是像某些心理学家所想象的是一种纯粹自然的事情。性是一种驱力，一种本能，但是爱情和婚姻并不单单是满足这种驱力就可以的。无论从哪个角度看，我们都会发现：我们的驱力和本能都经过发展而变得优雅高尚。我们压抑了某些欲望和倾向。从我们同伴的行为中，我们学会了要怎样做才不会惹怒对方。我们也学会了怎样穿着，怎样修饰自己。即使是饥饿，也不只是寻求自然的满足，我们有高雅的口味，饮食时，也要顾及种种礼仪。这也是我们为人类福利和为社会生活所做的各种努力。如果我们把这种了解应用到爱情和婚姻的问题之上，它则无可避免地会牵涉到大家的利益等问题。我们认为爱情和婚姻的问题只有考虑人类整体的利益才能够得到解决。此外，讨论这个问题的任何方面，例如它的补效、改变或新的婚姻制度等等，都是没什么益处的。

爱情是要两个人协力合作的工作。对许多人而言，这是一种全新的工作。我们多多少少都曾经学过如何单独工作，也多多少少学过如何在一群人之中工作。但是，通常我们却很少有成双成对工作的经验。因此，这些新的情况会造成一种困难。可是，如果这两个人以往对他们的同伴都很感兴趣的话，要解决这种困难便容易得多。

关心对方更甚于关心自己是爱情和婚姻成功的唯一基础。如果每一个配偶对于其伴侣的兴趣都高过对自己的兴趣，那么他们之间便会有真正的平等。如果双方都很诚意地奉献出自己，那么谁都不会觉得自己低声下气或受人制约。只有男女双方都有这种态度，平等才有出现的可能。双方都应该努力使对方的生活安适和富裕，这样才会有安全感，才会有价值。从而，你会认为你有价值，没有人能代替你，你的配偶需要你，你的行为正确，你是一个良好的伴侣和真正的朋友。

在合作的工作中，是不可能让伴侣接受从属地位的。两个人中如果有一个人想要统治对方，强迫对方服从，他们便无法愉快地生活在一起。现实生活中有许多男人（其实有很多女人亦是如此）相信，男人应该扮演领导的角色，成为一家之主。这是为什么有这么多不愉快婚姻的原因。没有人能够心平气和地忍受卑下的地位。伴侣必须是平等的，人们只有在平等的时候，才能找出共同克服困难的方法。比方说，在此种情况下，他们能对生儿育女的问题达成协议。他们知道，当他们决定不生育时，他们已经作了能影响人类未来的誓言。他们也会对教育问题达成协议，当他们遭遇问题时，他们会尽快设法解决，因为他们知道，受不愉快婚姻影响的儿童，在精神上会饱受痛苦，不会得到良好的发展。

我们的教育都太注重个人的成功，太强调我们能够从生活中获得什么，而不是我们能付出什么。我们很容易了解，当两个人以婚姻的亲密关系生活在一起时，在合作方面和对人关心方面的任何失败，都会导致不幸的后果。有许多人都是第一次体验到这种密切的关系，他们非常不习惯考虑另一个人的利益、目标、欲望、野心和希望。他们还没有做好准备解决共同工作的问题。不过，我们不必为举目所及的错误感到惊异，我们应该面对事实，并避免错误。

如果未经训练，成人生活的危机是很难应付得了的。我们一直都是遵照自己的生活模式作出种种反应。婚姻的准备并非一蹴而就。从一个孩子典型的行为、态度、思想里，我们都可以看出，他是如何训练自己以准备应付成人生活的。他对爱情的态度早在五六岁时便已初具雏形。

儿童在发育的早期，便开始形成他对爱情和婚姻的看法。我们切不可认为他是在表现出像成人一般的性激动，他只是在对平常社会生活的一面下定决心而已。爱情和婚姻都是他生活环境中的因素，自然而然地侵入他对自己未来的概念之中。他必须理解并且保持某种立场。当儿童产生对异性的兴趣，并选择他们所喜欢的对象时，我们绝不可以认为这是一种错误、胡闹或性早熟，更不应该嘲弄他。我们应该把它当作他们迈向爱情和婚姻的一个步骤。如此，我们才能在孩子心中树立起一个理想，让他们在以后的生活中能够以教养良好、热诚奉献的姿态和对方交往。将来，我们会发现，孩子们都会成为一夫一妻制最忠诚的拥护者，尽管他们父母的婚姻未必十分和谐。

我从来不鼓励父母们过早对孩子们解释肉体上的性关系，或是说太多他们还无法接受的性知识。你能够理解，孩子们对婚姻问题的看法是非常重要的，如果教导方法错误，那就会产生不良的影响。依据我的经验，五六岁时便知道成人性关系的孩子以及有早熟经验的孩子，在以后的生活里都比较容易受到爱情的伤害。对他们而言，身体的吸引力代表了危险的信号。如果孩子在较为成熟之后，才有初次的经验和知识，他就不会这么害怕，犯错误的机会也少得多。帮助孩子的秘诀是不要对他撒谎，不要逃避他的问题，要了解他问题的背后隐含着什么，并只向他解释他希望知道的事情以及我们确知他能够了解的事情。将道听途说，凭空捏造的性知识告诉孩子害处最大。这个生活问题和其他问题一样，最好是让孩子自己独立去学习。如果他和父母能够彼此信赖，他便不会遭受困扰。我还没有看过在其他方面都很健康的孩子因此而受害。孩子们并不会听信同学告诉他们的每一件事情，他们大部分都是很有鉴赏力的。如果他们不敢确定他们所听到的事是否真实，他们会问他们的父母或哥哥、姐姐。当然，我也必须承认，孩子对这些事情都比他们的长辈敏感，而且不愿启齿。

即使是成人对异性的肉体吸引力，也是在儿童时代便已经训练出来的。孩子们所获得的关于爱怜的印象和当时环境中异性给他的印象等等——都是肉体吸引力的开始。男孩子是从他的母亲、姐姐或四周的女孩获得这些印象的。偶尔，他也会受艺术作品的影响。每个人都受着他个人审美观念的驱使。因此，广义地说，个人在以后的生活里便不再有选择的自由。他只能依照他以往受过的训练来选择。这种对美的追求，并不是毫无意义的追求。我们的审美情绪一直都是以健康的感觉和人类的进步为基础的，我们无法逃避它。被我们认为是美丽的东西，都是看起来似乎能永垂不朽，且对人类的利益和未来有用的东西，这就是不断鞭策着我们前进的美感。

有时候，如果男孩子和母亲相处不和，女孩子和父亲不和（当婚姻中的合作不甚和谐时，经常发生此情况），他们会寻求和父母正好相反的类型。譬如，如果一个男孩子的母亲事事对他吹毛求疵，如果他很软弱，又受人压制，他便很可能觉得只有看起来不盛气凌人的女性才有性的吸引力。他很容易因此造成错误，他找对象时，可能只愿找顺服的女性。然而，这种不平等的婚姻，是不可能美满的。如果他想证明自己强壮有力，他会找一个强壮的伴侣，这也许是因为他喜欢强壮，也许是因为他较富挑战性。如果他和母亲极不和，他的爱情和婚姻可能受到阻碍，不仅异性对他的肉体吸引力会减弱，而且会完全排斥异性，而变成性欲倒错。

大多数生活中的失败者都出身自婚姻破裂或不愉快的家庭，这是不足为怪的。如果父母本身都不能合作，他们自然更不可能教他们的孩子合作。我们在考虑一个人是否适合结婚时，必须看他是不是曾经在正常的家庭中受过训练以及他对父母、兄弟姐妹的态度怎样。我们认为，决定一个人的并不是环境，而是他对环境的估计。他在父母家中的生活很可能不愉快，但却会刺激他设法使自己的家庭生活更为美满。我们不能因为一个人有过不幸的家庭生活，便来判断他，或拒绝他。

最坏的情况是个人只顾及自己利益的时候。如果他受过此种训练，他会终日盘算着，他能从生活中得到什么样的快乐或兴奋？他会一直要求着自由和解脱，从不考虑要怎样才能使其伴侣的生活更轻松、更富裕。这是一种不幸的做法。我把这称为缘木求鱼。它不是罪恶，而是一种错误的方法。因此，对待爱情，我们不能只图逸乐或只想逃避责任。爱情中如果含有犹疑和怀疑的成分，爱情便不会坚固。合作需要有永恒不变的决心，才能结出真正爱情的幸福果实。美好的婚姻是我们养育人类未来一代的最好方法，所有人都应该记住这一点。

如果我们只把我们的责任限制在 5 年之间，或者把婚姻当作是一段试验时期，那么便不可能有真正亲密的爱情奉献。任何一种严肃而重要的工作，都是不能先替自己安排脱身之计的。我们无法培育有限度的爱情。所有老谋深算、千方百计想从婚姻中脱逃的人，都走上了错误之途。他们脱逃的企图会损及他们的配偶，使其心灰意懒，在失望之余，他们的配偶也会成全其脱逃的愿望，而不再履行他们决定要一起实现的诺言。我知道在我们的社会生活中有许多困难，它们妨害了许多人，使其无法依正当途径来解决爱情和婚姻的问题，即使他们有心要解决它，亦是无可奈何。然而，我们却不能因此而舍弃爱情和婚姻，我们要消除的是社会生活的困难，我们知道甜蜜的爱情需要真实、忠诚、可靠、不保留、不自私。假如夫妻两人都决心保留个人的自由，真诚的爱情关系就没有实现的可能。这不是爱情，在爱情关系里，我们并非无拘无束，我们必须受合作的约束。

下面，让我举个例子来说明私人的独断独行不仅对婚姻的成功和人类的幸福无益，而且会损害到男女双方。

一对青年男女离婚不久又复婚了，而且都希望这次婚姻能比初次理想。他们都是文化程度颇高的人，然而，他们却不明白他们的初次婚姻是如何失败的。他们只想找寻补救之道，却看不出自己缺乏社会责任感，他们自命为自由思想者，希望能有不受拘束的婚姻，以免彼此感到厌烦。因此，他们约好每个人都有完全的行动自由，大家都可以做自己想做的事情，不过却要彼此信赖，把自己做过的事情告诉对方。在这一点上，这位丈夫似乎勇敢得多。每当他回家时，他都有许多风流韵事来告诉他的妻子。她似乎很喜欢听这些话，并深以她丈夫的风流倜傥为荣。她一直想仿效他，建立她自己的爱情关系，但是在采取行动之前，她便患上了公共场所恐惧症。她不敢单独出门，她的恐惧症使她整天待在家里，一旦跨出家门，便觉得浑身不适。这种恐惧症表面看来似乎是避免其决心付诸实现的方法，其实还不仅如此。由于她不能单独出去了，她的丈夫只好在她身旁陪她。你可以看出上述婚姻逻辑是如何的不可思议。她自己因为害怕单独一个人出门，所以也无法享受到她的自由。这位妇女如果想治愈恐惧症的话，必须先对婚姻有较清楚的了解，她的丈夫也必须以合作之道来对待婚姻。

另外还有些错误是在婚姻开始之前便已经造成了。在家中娇生惯养的孩子很难使自己适应社会生活。当两个娇生惯养的人碰在一起时，一定会发生许多有趣的事情。他们两人都会要求对方关心自己，注意自己，可是两人都不会觉得满意。下一个步骤就是找寻解脱之道：其中一人开始和别人勾搭，希望能获得较多的注意。有些人无法只和一个人恋爱，他们必须同时和两个人堕入爱河。这样，他们才感到自由。他们能从一人身边逃到另一人身边，而且不必负爱情的全部责任。脚踏两只船，其实就是一无所有。

还有一些人想象出一种浪漫的、理想的不现实的爱情。他们沉迷在幻想里寻找他们的伴侣。有许多人，尤其是许多女人，错误地训练自己讨厌并排拒自己的性别角色。他们妨害了他们的自然功能，如果未经治疗的话，他们也没有美满的婚姻。这就是我所说的，对男性的钦羡。在现代文化中，对男性地位的过分高估最容易造成此种错误。如果孩子们怀疑自己的性别角色，他们便会感到不完全。只要男性角色被认为是较占优势的角色，不管是男孩或是女孩，都会自然而然地觉得男性角色是值得钦羡的。他们会怀疑自己是否有足够的能力来扮演此种角色。在所有女性冷感症和男性心理性阳痿的个案里，我们都能发现疑心的存在。这些个案都是对爱情和婚姻的抗拒，除非我们真正有男女平等的感觉，否则便不可能避免这种失败，婚姻便仍然有很大的障碍。我们不能容许我们的孩子对其未来的性别角色模糊不清。因而，我们必须设法加以补救。

在结婚之前避免发生性关系，是爱情和婚姻中亲密奉献的最佳保证。大部分的男人都不喜欢他们的情人在结婚之前先献出自己的身体。他们把它当作是一种不贞的表示，并且会因此感到震惊，同时，如果在婚前有超友谊关系，女孩子的负担将沉重得多。假使促成婚姻的是恐惧而不是勇气，那也是一种重大的错误。勇气是合作的一面，假如男人或女人是由于恐惧而不得不和其伴侣结合，他们便不会真心和对方合作。当他们与社会地位或教育程度较他们低的人结婚时，亦是如此。

友谊是训练社会责任感的有效方法之一。从人与人产生的友谊中，我们学会如何推心置腹，如何体会别人的心情和感受。如果一个孩子受到了挫折，如果他始终受人监视和保护，如果他孤孤单单地长大，没有同伴，也没有朋友，他就不会培养出为别人设想的能力。他一直以为他是世界上最伟大的人，而且也急着保全他自己的利益。友谊的训练是婚姻的一种准备。假如我们把游戏当作是一种合作的训练，它也是很有用的。布置一些能够让两个孩子一起工作、一起读书和一起学习的情境是很有意义的。我们绝不可小看舞蹈的价值，像舞蹈这一类的活动必须让两人共同完成，因此我认为舞蹈的训练对孩子们是有益处的。当然我所指的并不是表演性质多于共同合作的舞蹈。如果我们有专供孩子跳的简易舞蹈，这对于他们的发展必然有很大的裨益。

职业的问题也能帮助我们看出一个人是否已经作好婚姻的准备。今天，对于这个问题的解决必须置于爱情和婚姻的问题之前。配偶或夫妻两人都必须有职业，这样他们才能解决他们的家庭生活问题。良好的婚姻准备必定包含有良好的工作准备。

我们不难看出一个人接近异性的勇敢程度及其合作的能力每一个人都有他特别的方法，特殊的战略，以及其求爱的方式，这些都是和他的生活模式一致的。一个人在求爱的时候可能小心谨慎，也可能热情大方，无论如何，他的恋爱气质总是和他的生活模式一致的，也是他的一种表现。我们能从中获得其人格的可靠指标，但是不能仅凭此来判断他是否适合结婚，因为在其他场合他可能犹豫不决。

在我们的文化背景下（也只有在此情况下），人们通常多期望男性采取主动，先表示出爱慕之意。因此，我们就必须训练男孩子们培养男性的态度——主动、不犹疑、不退缩。然而，他只有觉得自己是整个社会生活的一部分，并将其利弊视为与自己切身相关时，他们才肯接受此种训练。当然，女性们也参加求爱活动，她们也会采取主动，但是在我们现有的文化背景下，她们对异性的仰慕则表现在她们的风姿仪态、穿着打扮以的顾盼谈吐里。因此，我们可以说：男性对异性的接近是简单肤浅的，而女性则是深沉复杂的。

人类的性驱力和其他动物的性驱力有一点不同，即它是连续不断的。这是人类的幸福和延续得以确保的另一途径。人类之所以绵延不断，并能以其巨大的数量来安然渡过种种浩劫，都是由此之故。其他的动物都采用了另外的方法来保存他们的生命。例如，我们发现有许多动物的雌体都产下大量的卵，它们大部分在成熟之前便已经受到了毁坏，但是有一部分总能安然无恙，因此这些动物也能生存下去。生儿育女也是人类保全生命的方法之一。所以在爱情和婚姻的问题中，我们发现：最能够自发地关心人类利益的人，都是最盼望要生儿育女的人，而在意识或潜意识中对其同类不感兴趣的人，都会拒绝接受子女的负担。如果他们总是索求和期待，而不愿给予，他们便不会喜欢孩子。他们只关心他们自身，而把孩子看作是一种麻烦，一种累赘，一种负担，一种会妨害他们自身利益之物。因此，我们可以说，要圆满地解决爱情和婚姻的问题，生儿育女的决心是必不可少的。

在我们实际的社会生活中，对爱情和婚姻问题的解决是一夫一妻制。它需要真诚的奉献以及对配偶的关注，因此，诚心诚意地开始此种关系的人便不会破坏其基础而寻找脱身之道。然而我们也知道这种关系并非没有破裂的可能性，我们永远无法避免其破裂。最可能避免它的方法是把爱情和婚姻当作是一种社会工作，是一种我们期望能将之解决的问题，然后我们才会想尽各种方法来解决它。这种破裂之所以发生，通常是因为配偶们未付出全力，他们不想创造出美满的婚姻生活，而只等待着要获得某些东西。如果他们以此种方式来面对这个问题，他们自然会在其面前失败。把爱情和婚姻当作和天堂一样，是错误的；把结婚当作是恋爱史诗的终结，也是错误的。当两个人结婚后，他们的各种关系才是正式开始，在婚姻里他们才面临了生活的真正工作，才有了为社会而创造的真正机会。另外一种观点，把婚姻看成一种终结或一种最后目标的观点，在我们的文化中也是非常流行的。爱情本身并不能解决一切。爱情的种类非常繁多，要解决婚姻问题，最好是依赖工作、兴趣和合作。

每个人对婚姻的态度都是其生活的表现之一，他的多种努力都与其目标一致。被宠坏的孩子大多总是持采取寻求解脱或逃避婚姻的态度。他们把生活模式都固定在四五岁的阶段，而始终有着这样的观念："我能够得到我想要的所有东西么?"如果他们不能得到他们想要的每件东西，他们会认为生活是没有目的的。"如果我不能得到我想要的东西，"他们问道："生活还有什么用呢?"他们变得悲观，他们把自己弄得神经兮兮，从而构成了他的哲学：这个世界压抑了他们的欲望和情绪，所以他要表现出切齿的痛恨。他们一直都在受着这种训练。他们曾经一度享受过一段美好的时光，并且能随心所欲地得到每件东西。因此他们之中有些人仍然以为，只要他们哭得够响，只要他们提出抗议，只要他们拒绝合作，他们就能获得他们所欲之物。

结果他们不愿奉献一己之力，只希望不劳而获，而且变得贪得无厌。所以，他们对婚姻一事充其量也只是浅尝辄止，他们希望有试验性的婚姻，露水夫妻式的婚姻，以及能够随意离婚的婚姻。可是，如果一个人真正对另一个感兴趣，他必须成为真诚的友伴，他必须勇于负责，他必须使自己忠实可靠。我相信，未曾成功地完成此种爱情生活或此种婚姻生活的人，在这一点，总应该了解他的生活犯了什么样的错误。

关心孩子们的幸福非常必要。如果婚姻不是以我所主张的观点为基础，它在抚育孩子方面便会有很大的困难。如果父母们常吵架，并将他们的婚姻视同儿戏，如果他们不再认为他们的问题能够顺利解决，他们的关系能够延续下去，那么这种婚姻便不是能够帮助孩子发展其社会性的有利情境。

也许人们有许多不能生活在一起的道理，也许在某些场合他们最好还是分开，但谁能做这种决定呢？我们可以将这种决定权那些自己本身都未受到良好教养，不了解婚姻是一项工作，而且又只关心自己利益的人么？他们对于离婚的看法，正如他们对结婚的看法："从其中能得到什么好处？"他们显然不是适作决定的人。你可以看到经常有许多人一再地结婚离婚，一再地犯下同样的错误。那么应该让谁来决定呢？当婚姻中出现了某些差错时，应该让精神病学家来决定它是否应当决裂。我不知道美国人的想法是否如此，但是在欧洲我却发现大部分的精神病学家都主张个人的利益是最重要的。因此，当他们在这种个案中被人请教时，他们会劝人去找一个情人，以为这样就能解决问题。我敢断言：不久他们就会改变主意，而不再作此种劝告。他们之所以会作此种建议，是因为他们不了解这个问题的整体性以及它和我们这世界上其他工作之间的紧密关系。这种关系是我一直希望你们特别加以注意的。

当人们把婚姻视为是个人问题的解决方法时，也犯了类似的错误。在此，我也无法述说美国的情形，但是我知道在欧洲，当男孩子或女孩子有精神病的倾向时，精神病专家会劝他们去找情人或开始性关系。对成人，他们也给予同样的劝告。这其实是把爱情和婚姻看作一种百病灵丹，结果这病人更为彷徨，更不知何去何从。爱情和婚姻问题的正确解决，是整个人格最完美的体现。没有哪一个问题比它包含更多的欢乐和更真实而有用的东西，我们绝不能视之为微不足道的小事，也不能把它当作治疗犯罪、酗酒或精神病的救急药方。精神病患者在谈婚论嫁之前，必须先接受正确的治疗；如果他还没有适当地应付它们的能力，便贸然行事，他一定会遭到新的危险和不幸。

在其他方面，婚姻也时常指向不正当的目标。有些人是为了经济上的安全而结婚的，有些人为了怜悯别人，还有些人则是为了要获得一个仆役来伺候他。婚姻中是不容许有这一类儿戏的。我还知道，有些人结婚甚至是为了要增加自己的困难。例如，一个青年人在他的考试或未来事业上可能遭到重重困难，他因此而觉得自己可能是很容易失败的人，如果他真的失败了，他便希望能借此原谅自己。所以，他用婚姻来给自己添加麻烦，为失败找借口。

我们非但不应该小看这个问题，而且应该将它置于重要的地位。在我听过的所有婚姻破裂案件中，实际蒙受其害的总是女方。这无疑是因为男士在我们的文化中所受拘束较少之故。这是我们的一种错误，但是它却无法经由个人的反抗而改正过来。尤其是婚姻本身，个人的反抗总会扰乱社会关系和伴侣的兴致。要克服它，只有先认清我们文化的整个态度并加以改变。我的一个学生，底特律的客座教授曾经做过一个调查，发现有 42% 的女孩子希望自己能身为男人，这表示她们对自己的性别感到不满。当人类的一半对它们所处地位感到沮丧和不满，而且反抗另一半所享有的较多的自由时，爱情和婚姻的问题能够轻易地解决么？当妇女们总是期待着受人轻视，而且相信自己只不过是男人的玩物，并认为男人们不忠实是理所当然的事时，爱情和婚姻的问题能够轻易解决么？

从上所述，我们可以得到一个简单明了而且实用的结论。人类不是天生就该一夫多妻或一夫一妻的。我们居住在地球上，被分为两种性别，彼此平等的事实以及我们必须以有效的方式解决环境给予我们的三个生活问题的事实都说明：只有一夫一妻制，才能使个人在爱情和婚姻中获得最高和最完美的发展！